KB063525

셰프의 가벼운 레스토랑

“정말 변하고 싶어
집밥을 바꾸었습니다”

송사월 지음

용감한 까치

셰프의 가벼운 레스토랑

초판 1쇄 발행 · 2024년 8월 2일
초판 2쇄 발행 · 2024년 8월 3일

지은이 · 송사월

발행인 · 우현진
발행처 · 주식회사 용감한 까치
출판사 등록일 · 2017년 4월 25일
팩스 · 02)6008-8266
홈페이지 · www.bravekkachi.co.kr
이메일 · aoqnf@naver.com

기획 및 책임편집 · 우혜진
진행 · 한지승 **사진 촬영** · 박성재, 양영규
마케팅 · 리자
디자인 · 죠스 **교정교열** · 이정현
CTP 출력 및 인쇄 · 제본 · 이든미디어

ISBN 979-11-91994-30-8(13590)

세상에서 가장 용감한 고양이 '까치'

동물 병원 블랙리스트 까치. 예쁘다고 만지는 사람들 손을 마구 물고 할퀴며 사나운 행동을 일삼아 못된 고양이로 소문이 났지만, 사실 까치는 누구보다도 사람들을 사랑하는 고양이예요. 사람들과 친해지고 싶은 마음에 주위를 뱅뱅 맴돌지만, 정작 손이 다가오는 순간에는 너무 무서워 할퀴고 보는 까치.

그러던 어느 날, 사람들에게 미움만 받고 혼자 울고 있는 까치에게 한 아저씨가 다가와 손을 내밀었어요. "만져도 되겠니?"라는 말과 함께 천천히 기다려준 그 아저씨는 "인생은 가까이에서 보면 비극이지만, 멀리서 보면 코미디란다"라는 말만 남기고 횡하니 가버리는 게 아니겠어요?

울고 있던 겁 많은 고양이 까치는 아저씨 말에 마지막으로 한 번 더 용기를 내보기로 했어요. 용기를 내 '용감'하게 사람들에게 다가가 마음을 표현하기로 결심했죠. 그래도 아직은 무서우니까, 용기를 잃지 않기 위해 아저씨가 입던 옷과 똑같은 옷을 입고 길을 나섭니다. '인생은 코미디'라는 말처럼, 사람들에게 코미디 같은 뻥 뚫리는 즐거움을 줄 수 있는 뚫어뻥 마법 지팡이와 함께 말이죠.

과연 겁 많은 고양이 까치는 세상에서 가장 용감한 고양이가 될 수 있을까요? 세상에서 가장 용감한 고양이 까치의 여행을 함께 응원해주세요!

PROLOGUE

누군가 초라한 나를 바라보는 듯한 시선

아직도 그날이 생생합니다.

출산 후 백화점으로 오랜만에 외출한 날이었어요.

남과 비교되는 초라한 나 자신을 바라보는 것 같은 누군가의 시선이

'나를 바꾸고 싶게 한 계기'가 되었어요.

내 몸을 돌보게 된 계기, 낮아진 자존감과 산후 우울증

미국 뉴욕 요리 학교 CIA를 졸업한 후,
요리에 전력투구했던 20대가 지나고
뭐든 이룰 수만 있을 것 같았던 시절이
어느새 아쉬움과 추억으로만 고스란히 남게 되더라고요.

목표를 향해 열심히 달리던 시절을 뒤로하고
결혼 생활과 육아에 집중하면서
앞으로 내 인생은 없을 것 같다는 생각에 두려웠어요.
그런 두려움을 투영하며 아기 키우는 사람은 모두 불행할 거라고 여기는
제가 너무 싫더라고요.

내 몸 하나 돌볼 시간도,
거울 볼 시간도 전혀 주어지지 않는
출산과 육아라는 현실 속에서 자존감이 바닥까지 떨어지더군요.

정말로 달라지고 싶었습니다

꿈을 가슴에만 품고 사는 아줌마가 아닌,
'자존감 회복'에 온 힘을 기울여 원래의 '나 자신'을 찾고 싶어지더라고요.

통제할 수 없는 것으로 가득한 현실을 이겨내고자
내가 통제할 수 있는 내 몸부터 컨트롤했고,
건강한 방법으로
'나에게 좋은 독한 년'이 되는 법을
무수한 시도를 거치며 익혔어요.

일단 목표를 정했습니다.
저의 다이어트 장기 목표는 '원하는 옷'을
사이즈 구애 없이 입는 것이었어요.

그 과정에서 당연히 너무 많은 좌절과 실패를 겪었습니다.
중간중간 요요 현상도 왔고요.
가장 힘들고 고통스러운 것은 먹고 싶은 욕구를 참아야 한다는 것이었어요.

집밥을 바꾸니 어떤 옷을 입든 잘 어울리는 몸이 되었어요

제가 실질적으로 몸무게를 감량한 기간은 1~2년 정도입니다.
처음부터 건강한 방법으로 감량한 것은 아니에요.
독하게 마음먹고 극단적인 식단과 유산소운동을 한 탓에
대사 기능이 망가지고 나서야 비로소
건강에 신경 쓰며 다이어트를 해야 한다는 걸 깨달았어요.
평소 먹는 것에 더 신경 쓰고, 유행하는 극단적인 다이어트는 지양했어요.
그 후 5년 정도 천천히 체지방을 낮추고
어떤 옷을 입어도 잘 어울리는 '예쁜 몸 선 만들기'에 집중했어요.

저는 출산으로 호르몬과 체질이 변하는 바람에 고생을 많이 해서 그런지,
몸무게는 어느 정도 빠졌지만 몸 라인이 울퉁불퉁했어요.
특히 허벅지 살, 팔뚝 살, 그리고 제왕절개로 인한 하복부 늘어짐이
스트레스였죠.

그 전 내 모습이 어땠건 간에 자존감이 한번에 무너지더군요.
몸무게만 줄인다고 절대 원하는 몸이 되는 건 아니라는 것을 알게 된 후,
여러 시도를 했고, 그러면서 저만의 관리법을 찾아냈어요.

건강한 다이어트는 몸보다
마음을 더 강하게 만들었습니다

몸무게는 감량했지만 전혀 만족스럽지 않았기에
운동, 체중 관리, 체질 관리 등의 노력을 더하며
피, 땀, 눈물의 시간을 보냈고,
지금은 몸보다 마음이 더 강해진 것 같은 느낌을 받습니다.

뚱뚱하든 날씬하든 누가 뭐래도 '나'만 괜찮으면 된다는
자기 합리화는 더 이상 통하지 않는다는
사실을 깨닫고 난 후
'노력으로 할 수 있는 만큼은 해봐야지!'라는
마인드로 변화하게 되었어요.

날씬한 게 전부는 아니지만
과거의 부정적인 저를
긍정적으로 바꿔준 계기가 된 건 확실했고
오직 노력으로만 성취할 수 있는 것이었기에
스스로를 더욱 사랑하게 되었어요.

물론 각자 원하는 몸은 다를 것이고
저는 '마름'을 강요하고 싶은 마음은 없어요.

다만 내 맘대로, 내 뜻대로 되는 것이 하나도 없는
이 불공평한 세상에서
내 몸을 통제하고 보니 내 뜻대로 되는 게
'몸'뿐이더라고요.

돈으로 해결할 수 없는 절대적인 '노력의 가치',
살면서 한번 경험해볼 만하다고 생각해요.

빼는 것보다 그 상태를
유지하는 것이 가장 중요하죠

가장 중요하게 생각하는 점은
바로 활발한 '장운동 능력'이에요.

먹는 양을 줄이면서 음식을 원래 먹던 양만큼 넣어주지 않으니
대사 기능, 소화 기능이 떨어지고
이것이 곧 다이어트에 실패하는 원인이 되더라고요.

감량 후 입이 터지면 다시 몸무게가 불어나고
떨어져 있는 대사 기능 때문에 요요까지 와버리는
악순환이 반복되었죠.

저처럼 악순환을 겪지 않고 건강하게 다이어트할 수 있는,
제 경험을 녹여낸 몸무게별 관리법을 함께 나누고 싶어
식단 책을 준비하게 되었습니다.

지금 내 몸무게에서는 어떻게 먹어야 하는지 알아보면서
날씬하고 건강한 몸으로 바꾸는 것은 물론,
내 몸에 더 관심을 기울이고
나를 더 사랑하는 계기가 되기를 진심으로 바랍니다.

CONTENTS

PROLOGUE

INTRO

가벼운 집밥을 위한 준비

PART 1

70kg에서 60kg으로

인스턴트를 끊고, 건강하게 요리해 배부르게 먹습니다

PART 2

60kg에서 55kg으로 **탄수화물은 많이 먹지 않습니다**

점심

저녁

PART 3

55kg에서 50kg으로

한 그릇을 다 먹지 않고 양 조절하는 연습하기

PART 4

40kg대 진입 및 유지하기

맛있게 먹습니다-유지어터 식단

점심

저녁

일러두기

- 본문에 소개한 레시피는 1~2인분 양으로, 개인에 따라 가감하세요.
- 본 도서는 저자의 개인적 경험을 토대로 한 도서로, 의학 서적이 아님을 밝힙니다. 개인의 체질, 건강 등 개인적 요인에 따라 체중 감량 양상이 달라질 수 있습니다.
- 본문에 소개된 추천 제품(사월's pick 등)의 표기는 해당 브랜드 및 제품명의 표기에 따랐습니다. 관련 정보는 2024년 7월을 기준으로 한 정보로, 상황에 따라 관련 정보가 달라지거나 해당 제품이 없어질 수 있습니다.
- 재료 및 완성 요리 등의 이미지는 참고용으로, 레시피와 다소 다를 수 있습니다.

Home Michelin

DIET

인트로

가벼운 집밥을 위한 준비

계량은 이렇게 해요

요리할 때는 저울이나 계량스푼, 계량컵을 사용해 정확한 분량대로 넣는 것이 가장 중요해요. 전문 셰프처럼 계량 도구를 완벽하게 갖춰놓고 요리하기는 힘들더라도 최대한 분량대로 계량해 요리할 수 있도록 해보세요. 맛있게 다이어트할 수 있을 거예요.

· 1큰술 = 15g

· 1작은술 = 5g

· 약간 = 한 꼬집(가루 재료)

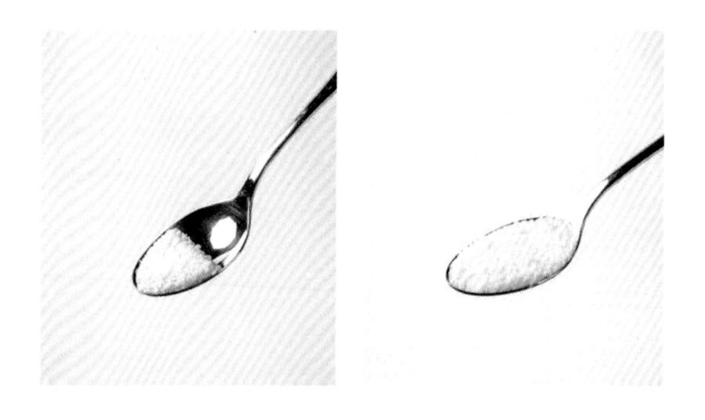

착한 탄수화물을 먹어요

탄수화물도 지방처럼 착한 탄수화물과 나쁜 탄수화물로 나뉜다는 사실, 알고 있나요? 착한 탄수화물은 천천히 소화되기 때문에 포만감을 오래 유지해 체중 관리에 도움을 주고 지속적으로 에너지를 공급합니다. 우리 몸에 꼭 필요한 건강한 에너지원이죠. 착한 탄수화물에는 어떤 것이 있는지 알아보고 자주 섭취하도록 신경 써보세요.

고구마	95kcal | 단백질 1g, 지방 0.2g, 탄수화물 22g
연근	17kcal | 단백질 0.5g, 지방 0.1g, 탄수화물 3g
돼지감자	75kcal | 단백질 2.5g, 지방 0.3g, 탄수화물 16.5g
표고버섯	25kcal | 단백질 2.5g, 지방 0.3g, 탄수화물 4g
현미	360kcal | 단백질 7.5g, 지방 2.5g, 탄수화물 77.5g
귀리	360kcal | 단백질 11g, 지방 6.5g, 탄수화물 65g
서리태	34kcal | 단백질 2.2g, 지방 0.5g, 탄수화물 6.6g
브로콜리	33kcal | 단백질 2.7g, 지방 0.7g, 탄수화물 4.5g
토마토	23kcal | 단백질 0.7g, 지방 0.2g, 탄수화물 3.7g
통밀	339kcal | 단백질 10.6g, 지방 2.7g, 탄수화물 71.2g
메밀	349kcal | 단백질 11g, 지방 2.1g, 탄수화물 72.5g
양배추	25kcal | 단백질 1.9g, 지방 0.2g, 탄수화물 4.7g
케일	25kcal | 단백질 4.3g, 지방 0.9g, 탄수화물 8.8g
시금치	23kcal | 단백질 2.9g, 지방 0.4g, 탄수화물 3.6g
건포도	229kcal | 단백질 3.8g, 지방 0.5g, 탄수화물 79.2g
밤	109kcal | 단백질 0.8g, 지방 0.2g, 탄수화물 26.7g
단호박	32kcal | 단백질 1g, 지방 0.2g, 탄수화물 8g
오트밀	389kcal | 단백질 16.9g, 지방 6.9g, 탄수화물 66.3g
당근	41kcal | 단백질 0.9g, 지방 0.2g, 탄수화물 9.6g
바나나	89kcal | 단백질 1.1g, 지방 0.3g, 탄수화물 22.8g

※ 100g당 영양 성분

단백질이 풍부한 식재료가 중요해요

단백질은 우리 몸의 근육을 형성하고 유지·회복하는 데 매우 중요한 영양소예요. 신진대사 과정에서 반드시 필요한 영양소일 뿐만 아니라, 면역 체계에도 아주 중요한 역할을 합니다. 인스턴트 음식을 자주 먹다 보면 이런 건강한 단백질 섭취를 소홀히 하기 쉬운데, 어떤 음식에 단백질이 많이 함유돼 있는지 확인해보고 요리할 때 꼭 신경 써서 재료로 선택해보세요.

소고기 양지	250kcal | 단백질 26g, 지방 16g, 탄수화물 0g
소고기 안심	270kcal | 단백질 20g, 지방 18g, 탄수화물 0g
돼지 목살	386kcal | 단백질 16.1g, 지방 32.1g, 탄수화물 0g
돼지 삼겹살	544kcal | 단백질 10.4g, 지방 49.3g, 탄수화물 0g
훈제 오리	337kcal | 단백질 23.5g, 지방 25.9g, 탄수화물 0.7g
닭 가슴살	113kcal | 단백질 21.2g, 지방 2.2g, 탄수화물 0.9g
연어	207kcal | 단백질 20.42g, 지방 13.84g, 탄수화물 0g
광어	119kcal | 단백질 21.5g, 지방 3.1g, 탄수화물 0g
새우	99kcal | 단백질 20g, 지방 1g, 탄수화물 0g
굴	67kcal | 단백질 9.7g, 지방 1.2g, 탄수화물 4.7g
말린 명태	232kcal | 단백질 46.8g, 지방 1.8g, 탄수화물 3.3g
마른 오징어	326kcal | 단백질 61.8g, 지방 5.2g, 탄수화물 7.6g
참치 통조림	210kcal | 단백질 19g, 지방 15g, 탄수화물 0g
달걀	150kcal | 단백질 12g, 지방 10g, 탄수화물 1.2g
우유	42kcal | 단백질 3.3g, 지방 1g, 탄수화물 4.7g
두유	43kcal | 단백질 3g, 지방 2g, 탄수화물 2g
두부	75kcal | 단백질 7g, 지방 4g, 탄수화물 2.5g

※ 100g당 영양 성분

좋은 지방을 드세요

우리 몸은 지방에서 에너지를 얻어 활동에 필요한 에너지를 만들어요. 그렇기 때문에 지방이 굉장히 중요한 역할을 한다고 할 수 있죠. 다이어트를 할 때 무턱대고 지방을 적게 섭취하는 경우가 많은데, 체중 감량은커녕 오히려 건강에 악영향을 줄 수 있어요. 몸에 좋은 지방은 영양소의 흡수를 돕고, 뇌 기능을 유지하고 개선하는 데 도움을 주며, 염증과 혈압 조절에 중요한 역할을 하기 때문에 꼭 섭취해야 합니다.

구운 고등어	205kcal | 단백질 21.7g, 지방 13.8g, 탄수화물 0g
아보카도	160kcal | 단백질 2g, 지방 15g, 탄수화물 9g
올리브유	884.5kcal | 단백질 0g, 지방 100g, 탄수화물 0g
아몬드	575kcal | 단백질 21g, 지방 50g, 탄수화물 22g
호두	650kcal | 단백질 15g, 지방 61g, 탄수화물 14g
캐슈너트	580kcal | 단백질 18g, 지방 46g, 탄수화물 33g
마카다미아	700kcal | 단백질 8g, 지방 75g, 탄수화물 14g
피스타치오	560kcal | 단백질 20g, 지방 45g, 탄수화물 28g
잣	619kcal | 단백질 21.69g, 지방 53.49g, 탄수화물 17.4g
땅콩	567kcal | 단백질 25.8g, 지방 49.2g, 탄수화물 16.1g

※ 100g당 영양 성분

착한 과일을 먹으면 많은 도움이 돼요

착한 과일은 칼로리가 적고 섬유질, 비타민, 미네랄, 항산화 물질, 수분이 풍부해 체중을 감량하는 데 유용합니다. 또 과일에 포함된 다양한 영양소가 건강한 신진대사를 촉진하기 때문에 다이어트할 때 꼭 챙겨 먹어야 해요.

사과	52kcal | 단백질 0.26g, 지방 0.17g, 탄수화물 13.81g
자몽	42kcal | 단백질 0.8g, 지방 0.2g, 탄수화물 10.7g
석류	65kcal | 단백질 16g, 지방 0.7g, 탄수화물 0.2g
키위	61kcal | 단백질 1.1g, 지방 0.5g, 탄수화물 14.7g
블루베리	57kcal | 단백질 0.7g, 지방 0.3g, 탄수화물 14.5g
수박	30kcal | 단백질 0.6g, 지방 0.2g, 탄수화물 7.6g
레몬	29kcal | 단백질 1.1g, 지방 0.3g, 탄수화물 9.3g
라즈베리	52kcal | 단백질 1.2g, 지방 0.7g, 탄수화물 11.9g
딸기	32kcal | 단백질 0.7g, 지방 0.3g, 탄수화물 7.7g
오렌지	47kcal | 단백질 1g, 지방 0.2g, 탄수화물 12g
자두	44kcal | 단백질 1g, 지방 0.3g, 탄수화물 11g
멜론	34kcal | 단백질 0.8g, 지방 0.2g, 탄수화물 8g

※ 100g당 영양 성분

다이어트 목표별 마법의 탄단지 비율

사람마다 에너지를 사용하는 양이 다르기 때문에 누구는 탄수화물을 많이 섭취해야 하고, 누구는 평소에 단백질을 더 많이 먹기도 해요. 그래서 이런 부분을 고려해 비율을 정해야 보다 효과적으로 다이어트를 할 수 있어요. 이처럼 사람마다 주로 사용하는 영양소와 식생활이 다르기 때문에 섭취하는 탄단지 비율에 명확한 정답은 없어요. 그런 만큼 이상적인 비율을 지키면서 음식 선호도와 자주 먹는 음식을 함께 기록하고 체크하며 개선·수정하는 것이 필요합니다.

난 건강하게 다이어트를 하고 싶어!

건강한 다이어트를 목표로 한다면 탄수화물 섭취 비율을 높여야 해요. 그래야 강도 높은 운동을 병행해도 무리 없이 소화할 수 있어요.

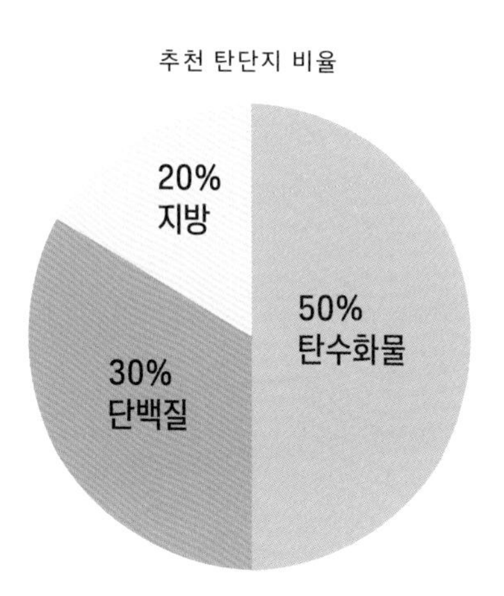

이번 다이어트는 체중 감량이 목표야!

체중을 효과적으로 감량하기 위해서는 탄수화물 섭취 비율을 낮추고 단백질 비율을 높여야 해요. 평소 먹던 식단에서 탄수화물은 낮추고 단백질은 높여 같은 비율로 먹어보세요.

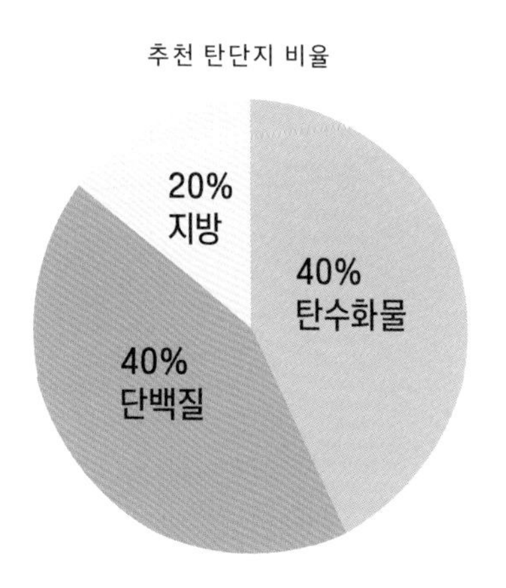

Home Michelin

DIET

파트 1. 70kg에서 60kg으로

인스턴트를 끊고,
건강하게 요리해
배부르게 먹습니다

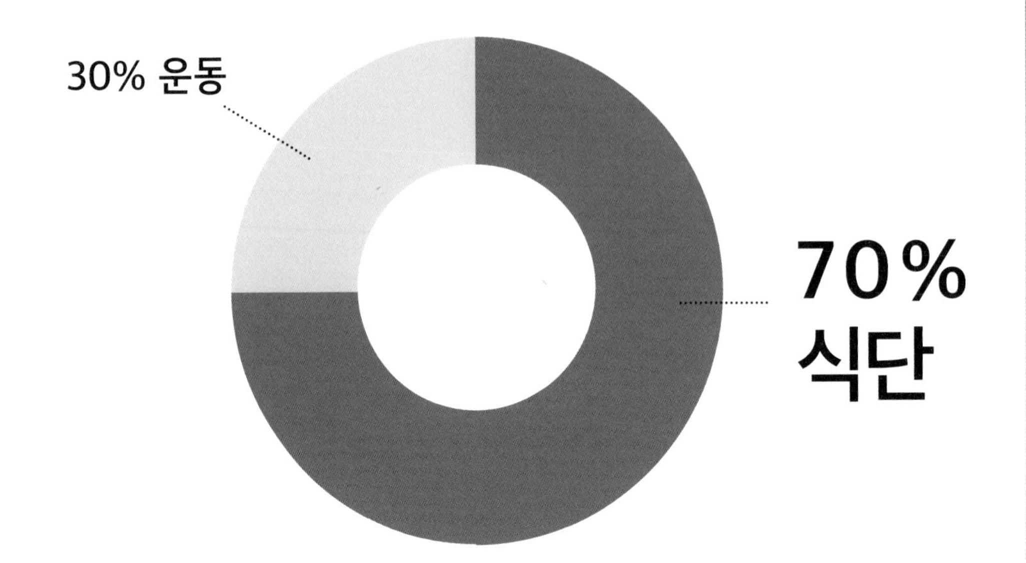

check point

1. 고강도 유산소 위주, 근력운동은 NO
2. 식사량 줄이는 습관 들이기
3. 공복 유지 시간: 14~16시간
4. 하루 4끼 챙기기
5. 간식은 NO, 포만감 있는 식사가 중요

중요 check

무조건 식사 시간을 지킬 필요는 없지만, 공복 유지 시간(14~16시간)은 지켜야 해요. 이와 함께 건강하면서 포만감 있는 식사 위주로 선택해 4끼를 챙겨주세요. 간식은 최대한 먹지 않으려 노력해야 합니다. 간식을 먹게 되면 이후에 요요가 오고 멘탈이 많이 무너질 수 있어요. 양을 조절하기 힘드니 쪄 먹는 요리를 위주로 해 제한을 두지 말고 배부르게 드세요.

하루 4끼 식사 시간

11:00 14:00 16:00 19:00

사월's check

운동이 아니라 식단을 통해 신진대사를 끌어올리는 타이밍!

몸무게가 많이 나갈 때는 운동보다 식단을 위주로 해야 합니다. 관절에 무리가 온다거나 잘못된 운동으로 자세 불균형이 올 수 있기 때문이에요. 그래서 식단이 70%를 차지합니다. 이때는 오일, 튀김 기름만 줄여도 지방이 많이 감소돼요. 오일을 꼭 사용해야 한다면 코코넛 오일로 대체하세요. 다른 음식보다 쪄서 먹는 요리로 배부르게 먹고, 건강한 식습관을 들이는 데 주안점을 맞춰주세요. 잊지 말아야 할 건 식이 섬유예요. 식이 섬유는 배변을 흡착한 후 배출해 장의 순환 회전율을 높여 장을 비워내는 운동을 반복하게 해서 신진대사율을 높여요. 애호박, 단호박, 당근 같은 단단한 채소류나 팽이버섯 같은 버섯류에 식이 섬유가 많으니 아낌없이 활용하세요.

먹던 양이 있는 사람은 양을 조절하기 힘드니 쪄 먹는 요리를 위주로 제한을 두지 않고 배부르게!

처음이라 많이 먹게 되니까 되도록 음식은 쪄서 먹는 게 좋아요. 쪄서 먹어보면 기름기가 별로 없는 단백질 위주의 고기인데도 찌고 남은 물에 기름이 많이 끼어 있는 걸 보면서 그동안 얼마나 많은 기름을 먹어왔는지 생각하는 계기가 돼요. 스테이크, 연어, 두부, 참치 같은 단백질 식품으로 포만감을 주는 든든한 식단을 자주 섭취하되, 간식은 최대한 먹지 않도록 노력해야 해요. 간식을 먹게 되면 금방 요요가 오고 결국 멘탈이 무너져 스트레스가 심해집니다.

본격 다이어트 시작 시, 중요 팁

TIP 01. 소스는 자유롭게

식단은 담백하게 해도 맛있는 소스를 곁들여야 오래 유지할 수 있어요.

※ 추천 소스 : 쓰유+물, 폰즈 드레싱(일본 감귤류 소스)+물, 간장+물
소스가 밋밋하다고 느껴진다면 어니언, 참깨 드레싱, 스리라차, 스파이시 마요도 같이 활용하세요.

TIP 02. 쪄 먹는 요리가 힘들다면 오트밀 활용!

포만감 때문에 든든하게 식단할 수 있어요. 오트밀죽, 오트밀달걀말이, 오트밀전, 오트밀 간식 등 오트밀을 활용해 다양하게 즐겨보세요. 혹시 오트밀을 잘 못 먹는다면 치아 시드, 쿠스쿠스, 햄프 시드도 좋아요. 식이 섬유가 함유되어 있을 뿐만 아니라 오랫동안 포만감을 유지해주기 때문에 오트밀 대신 활용합니다. 단, 식이 섬유가 과다해지면 부작용이 나타날 수 있으니 적정량을 먹도록 하세요.

처음에는 우리가

습관을 만들지만

그다음에는

습관이

우리를 만든다고

합니다

점심
Lunch

말차그릭샌드 feat. 단호박

단호박을 덩어리째 넣어 씹는 맛이 일품이에요.
말차 그릭을 활용하기 좋은 레시피로, 죽은 빵도 되살리죠.

재료

식빵 … 2장

그릭 요거트 … 100g

미니 단호박 … 100g

말차 파우더 … 3g

사월's pick

마켓컬리 R15통밀식빵

토스트하지 않아도 고소한 저칼로리 식빵(1장에 약 120kcal)

TIP. 단호박은 미리 쪄 냉동실에 100g씩 소분해두면
샐러드를 만들거나 식단 할 때 편리해요.

① 식빵 2장을 이어 붙이듯 밀대로 밀어줍니다.

② 체에 거른 말차 파우더와 그릭 요거트를 섞어 말차 그릭을 만듭니다.

③ 찐 단호박을 먹기 좋게 썰어 말차 그릭에 섞어줍니다.

④ 납작해진 식빵 위에 ⑶을 넣어 랩으로 동그랗게 말아줍니다.

⑤ 칼로 반을 갈라 먹습니다.

새우밥김머핀

머핀 틀에 김을 구워 핑거 푸드처럼 고급스럽게 먹어보세요.
비건 마요와 스리라차로 만든 비법 소스로 일식집 핸드 롤처럼 가볍게 즐길 수 있어요.

재료

냉동새우 ··· 100g / 김밥 김 ··· 3장
곤약밥 ··· ½공기 / 비건 마요네즈 ··· 1큰술
스리라차 ··· ½큰술 / 소금 ··· 약간
후춧가루 ··· 약간 / 식초 ··· 약간

사월's pick
마켓컬리 Sea to Table 새우살(20/30 사이즈)
깔끔하게 손질되어 있고 탱글해서 좋은 새우

TIP. 깻잎이나 오이를 곁들여 먹으면 더 좋아요.

① 김밥 김을 4등합니다.
② 자른 김 위에 밥을 올리고 머핀 틀에 하나씩 넣어줍니다.
③ 식초물에 한번 헹궈낸 새우를 손가락 한 마디 크기로 자릅니다.
④ 밥 위에 새우를 올리고 소금과 후춧가루로 간합니다.
⑤ 에어프라이어에 넣고 180℃로 5분간 구워줍니다.
⑥ 비건 마요네즈와 스리라차를 섞은 스파이시 마요소스를 뿌려 먹습니다.

STEELWORKS

시금치페타키슈

키슈는 프랑스식 타르트로, 생크림 대신 코코넛 크림을 사용해 건강하게 체중을 감량할 수 있어요.
대신, 부드러운 페타 치즈와 시금치, 달걀의 조합으로 풍미를 높였죠.

재료

시금치 … 1줌 / 페타 치즈 … 50g / 코코넛 크림 … 200g
달걀 … 2개 / 토르티아 … 1개 / 소금 … 약간
올리브유 … 약간

사월's pick

콜리오스(마켓컬리) 페타치즈
짜지 않고 담백한 페타 치즈

TIP. 만들어놓고 다음 날 먹어도 너무 맛있어요. 취향에 따라 재료를 바꿔보세요. 시금치 대신 닭 가슴살이나 베이컨, 양파, 파프리카, 파 등을 넣어도 좋아요.

① 납작한 오븐용 볼에 토르티아를 넣고 2분간 에어프라이어(180℃)로 구워줍니다.

② 올리브유를 두른 팬에 시금치를 넣고 볶습니다.

③ 달걀과 코코넛 크림을 섞고 소금을 넣어 크림 충전물을 만듭니다.

④ (1)의 토르티아 위에 볶은 시금치를 올리고 크림 충전물을 부어줍니다.

⑤ 페타 치즈를 먹기 좋게 올리고 에어프라이어에 넣어 170℃로 20분간 구워줍니다.

단호박에그슬럿

모차렐라 치즈 대신 저염 스트링 치즈를 사용하면
위장에 부담 없는 담백한 메뉴를 만들 수 있어요.

재료

미니 단호박 … 1개

달걀 … 1개

저염 스트링 치즈 … 2개

소금 … 약간

사월's pick

덴마크 인포켓치즈라이트

칼로리가 낮은 저염 스트링 치즈

TIP. 단호박은 꼭지 부분이 아래로 가게 해야 커팅하기 쉬워요(전자레인지의 경우 아래서부터 익어요).

① 단호박은 깨끗이 씻은 후 꼭지가 아래로 가게 해서 전자레인지에 넣고 3분간 익힙니다.

② 호박 윗부분을 커팅해 속을 파내고 달걀을 넣은 후 노른자는 포크로 터뜨려주세요.

③ 소금을 넣고 전자레인지로 5분 더 익혀줍니다.

④ 치즈를 올려 에어프라이어(180℃)로 4분간 또는 전자레인지로 2분간 구워줍니다.

두부참치미트볼

'살찌지 않는 고기' 두부가 주재료라 단백질 함량이 높고 열량이 낮은(100g에 91kcal) 레시피예요.
두부의 원재료인 콩의 장점을 최대한 살릴 수 있어 좋아요.

재료

두부 … ½모 / 참치캔 … 1개 / 양파 … ¼개
참기름 … 약간 / 굴소스 … 1큰술 / 달걀 … 1개
올리브유 … 약간

사월's pick

한둘 무농약콩두부
국내산이라 안심하고 먹을 수 있는 두부

TIP. 간단한 샐러드와 함께 먹어도 좋아요. 카레소스를 곁들이면 더 든든해요.

① 두부는 면 보자기를 이용해 수분을 제거하고 참치는 기름을 제거해 따뜻한 물에 헹군 후 물기를 뺍니다.

② 양파는 다지듯 썰어 올리브유를 두른 프라이팬에 갈색을 띨 때까지 10~15분간 볶습니다.
양파의 아삭한 식감을 좋아하는 분들은 볶는 과정을 생략해도 좋아요.

③ 볼에 두부, 참치, 달걀, 양파, 굴소스를 넣고 잘 섞어줍니다.

④ 팬에 올리브유를 두르고 동그랗게 빚은 (3)을 넣어 앞뒤로 노릇하게 굽습니다.

⑤ 뚜껑을 덮어 속까지 익을 때까지 약한 불로 더 구워줍니다.

⑥ 마지막으로 참기름을 가볍게 둘러 완성합니다.

콜리두유수프

생크림이나 우유 대신 두유를 넣어 더 건강하고 담백하게 먹을 수 있어요.
평소 잘 먹지 않는 브로콜리도 아주 맛있게 먹을 수 있답니다.

재료

양송이버섯 … 100g / 브로콜리 … 250g
두유 … 200ml / 코코넛 크림 … 200ml
타피오카 전분 … 1큰술 / 소금 … 약간(선택)

사월's pick

리얼타이 코코넛밀크
되직해서 좋은 코코넛 밀크

TIP. 브로콜리를 대량으로 사다가 만들어 먹을 수 있는
정말 맛있는 식단입니다.

① 양송이버섯과 브로콜리는 줄기까지 얇게 썰어줍니다.

② 썰어둔 양송이버섯과 브로콜리를 10분간 데칩니다.

③ 냄비에 물 100ml, 두유, 코코넛 크림을 넣고 끓여줍니다.

④ (3)에 데친 양송이버섯과 브로콜리를 넣고 핸드 믹서로 갈아줍니다.

⑤ 타피오카 전분을 물에 잘 희석해 덩어리지지 않게 넣어 점도를 맞춰줍니다.

⑥ 입맛에 따라 소금으로 간합니다.

애호박피자

넓게 채 썬 애호박을 빵 대신 도로 사용하는 반전 레시피예요.
치즈로 풍미를 더해 한번 맛보면 멈출 수 없어요.

재료

애호박 … 1개 / 피자치즈 … 70g / 달걀 … 3개
카무트가루(또는 타피오카 전분) … 1큰술 / 토마토소스 … 2큰술 / 바질 … 약간
토마토절임(또는 선드라이 토마토) … 5~6개 / 올리브유 … 약간

사월's pick
덴마크 피자치즈(마켓컬리)
신선한 원유로 만들어 안심하고 먹을 수 있는 모차렐라 피자치즈

TIP. 애호박 대신 감자나 고구마, 호박 등을 사용해 다양한 레시피로 활용해보세요.

① 애호박을 넓고 얇게 썰어줍니다.
양배추용 채칼을 사용하면 넓게 썰 수 있어 편해요.

② 달걀을 풀고 카무트가루를 넣어 섞어줍니다.

③ 올리브유를 두른 팬에 채 썬 애호박을 깔아주듯 펼치고 달걀물을 위에 부어줍니다.

④ 뚜껑을 덮고 약한 불에 5분 정도 더 구워줍니다.

⑤ 토마토소스와 피자치즈를 올리고 뚜껑을 덮어 치즈가 녹을 때까지 3분간 약한 불에 익힙니다.

⑥ 토마토절임, 바질이나 허브를 올려 완성합니다.

두부칠리콘카르네

고기 대신 두부를 사용하고 카레가루를 추가해 더 건강하게 만들었어요.
곁들이면 좋은 카사바 칩은 밀가루 대신 식물 유래 성분으로 만들어 건강해요.

재료

두부 … ½모(150g) / 칠리 파우더 … ½큰술
숙성 카레가루 … 1큰술 / 베이크드 빈 … 2큰술(100g)
카사바 칩(또는 신 브레드) … 50g

사월's pick

· 핀크리스프 씬브래드 칼로리가 낮은 신 브레드
· 썬사랍 카사바칩 오븐에서 저온으로 구워 담백한 칩

TIP. 두부를 맛있게 볶아서 먹을 수 있는 레시피예요.
최고의 와인 안주로도 손색없어요.

① 기름을 두르지 않은 팬에 두부를 으깨 수분을 말리듯 굽습니다.
② 베이크드 빈을 체에 한번 밭쳐 팬에 두부와 함께 볶습니다.
③ (2)에 칠리 파우더와 카레가루를 넣어 볶습니다.
④ 칩 위에 올려 완성합니다.

오트밀참치덮밥

양파볶음의 단맛과 참치, 오트밀의 담백한 맛이 조화를 이루는 메뉴예요.
다진 양파를 오래 볶아(캐러멜라이징) 달콤한 향을 더했어요.

재료

양파 … ½개 / 참치캔 … 1개(150g) / 오트밀 … 45g
베이크드 빈 … 2큰술(100g) / 달걀 … 2개 / 칠리 파우더 … 1큰술
카레가루 … 1큰술 / 올리브유 … 약간

사월's pick

모던구루 유기농오트밀

고소해서 맛있는 오트밀

TIP. 참치 대신 닭 가슴살, 연어, 스테이크 등 입맛에 따라 선택해도 좋아요.

① 오트밀을 차가운 물에 5분간 불립니다.
② 참치는 기름을 제거하고 뜨거운 물에 헹군 후 물기를 뺍니다.
③ 다진 양파를 올리브유를 두른 팬에 올려 갈색을 띨 때까지 볶습니다.
④ ⑶을 팬 한편에 밀고 달걀로 스크럼블드에그를 만듭니다.
⑤ 참치, 베이크드 빈, 칠리 파우더, 카레가루를 넣고 볶은 양파, 스크럼블드에그와 함께 볶습니다.
⑥ 오트밀 위에 올려 완성합니다.

버섯소고기부르스케타

트러플소스로 볶은 버섯과 소고기가 만나 풍미를 끌어올린 다이어트 치트키.
익힌 마늘로 만든 스프레드소스까지 더해 다이어트하다 지쳤을 때 먹기 좋은 최고의 레시피예요.

재료

양송이버섯 … 5개 / 바게트 … ⅓개 / 마늘 … 6톨
다진 소고기 … 100g / 발사믹 식초 … ½큰술
트러플소스(또는 바질소스) … 약간 / 올리브유 … 적당량

사월's pick

마마리 트러플바질페스토
화이트 트러플의 풍미가 고급스러운 국내산 바질소스

TIP. 올리브유 대신 트러플 오일을 사용하면 맛이 더 풍성해져요.

① 올리브유를 가득 담은 작은 종지에 편 썬 마늘을 넣고 랩을 씌운 후 전자레인지에 5분간 돌려줍니다.
마늘이 충분히 익을 수 있도록 돌려주세요.

② 올리브유를 두른 팬에 다진 양송이버섯과 다진 소고기를 중간 불에서 2분간 볶습니다.

③ 약한 불로 줄이고 발사믹 식초와 트러플소스를 넣고 1분간 더 볶습니다.

④ 먹기 좋게 자른 바게트 빵 위에 익힌 마늘의 반을 으깨듯이 스프레드처럼 바릅니다.

⑤ 그 위에 (3)의 조린 양송이버섯과 소고기를 토핑처럼 올리고 나머지 마늘을 올려 완성합니다.

몸을 위한
투자는
미루지
마세요

저녁
Dinner

두부 찐만두 feat. 라이스페이퍼

타피오카 전분으로 건강하고 맛있게 만드는 다이어트 만두예요.
취향에 따라 마늘종이나 쪽파, 부추를 만두소에 넣어 만들어도 좋아요.

재료

두부 … ¼모(75g) / 새우 … 10마리 / 닭 가슴살 … 100g
타피오카 전분 … 1큰술 / 라이스페이퍼 … 10장 / 땡초 … 1개
마늘종(또는 쪽파, 부추) … 3줄기

사월's pick

KF365 1등급닭가슴살
신선하고 분리 포장이 잘돼서 편한 닭 가슴살

TIP. 닭 가슴살은 잘게 다지기 전 방망이로 두드려주면
훨씬 부드러워져요.

① 두부는 물기 없이 볶아서 볼에 남습니다.

② 새우, 닭 가슴살, 땡초, 마늘종을 다져 (1)에 담고 타피오카 전분을 넣어 만두소를 만듭니다.

③ 따뜻한 물에 적신 라이스페이퍼 1장 위에 만두소를 올려 오므린 후 입구 부분을 돌돌 말아줍니다.

④ (3)의 과정을 반복해 만두를 만듭니다.

⑤ 찜기에 종이 포일을 깔고 만두를 올려 8분간 찝니다.

마늘종팽이스키야키 feat. 당근라페

다이어트 식단용인 만큼 소고기 등심은 기름기가 적고
얇게 슬라이스한 것으로 구입하세요.

재료

팽이버섯 … 2팩 / 마늘 … 15톨
얇게 슬라이스한 소고기 등심 … 300g
가쓰오부시 … 4큰술 / 쓰유 … 2큰술 / 마늘종 … 8줄기

사월's pick

야마끼 하나가쓰오부시
소포장돼 있어 편한 가쓰오부시

TIP. 마늘종 대신 부추나 대파를 사용해도 좋아요.

① 팽이버섯은 먹기 좋게 찢어 준비하고, 마늘종은 손가락 3마디 크기로 잘라줍니다.
② 소고기를 넓게 펼쳐 팽이버섯, 마늘종, 슬라이스한 마늘을 넣고 돌돌 말아줍니다.
③ 작은 냄비나 프라이팬에 물 200ml와 가쓰오부시 2큰술을 넣고 국물을 만듭니다.
④ 국물 위에 돌돌 만 고기쌈을 차곡차곡 올려줍니다.
⑤ 뚜껑을 덮어 약한 불에 5분간 익힌 후 쓰유를 넣어줍니다.
⑥ 가쓰오부시 2큰술을 솔솔 뿌려 완성합니다.

STEEL WORKS

두부김치롤

현미밥이나 곡물밥과 함께 먹으면 순식간에 한 그릇 뚝딱 하는 레시피예요.

재료

대패 소고기등심 … 200g

묵은지 … ½포기 / 두부 … 1모(300g)

가쓰오부시 … 약간

육수

가쓰오부시 … 2큰술

곰탕 (또는 채수, 물) … 200g

사월's pick

한둘 무농약콩두부

무농약이면서 국내산이라 안심할 수 있는 두부

TIP. 매콤하게 먹고 싶다면 땡초와 고춧가루를 추가하세요. 마라소스를 조금 추가해도 괜찮아요. 소소한 일탈이 되어줄 거예요.

① 묵은지 위에 얇게 썬 대패 소고기 등심과 먹기 좋게 썬 두부를 차례로 올려 말아줍니다.

② 육수에 가쓰오부시를 넣고 끓인 후 건더기 없이 국물만 걸러냅니다.

③ 팬에 김치말이를 올리고 (2)를 부어 약한 불에서 5분간 익혀줍니다.

④ 토핑으로 가쓰오부시를 올려 완성합니다.

게맛살달걀찜

위장 기능이 원활하지 않을 때 위를 보호하면서 칼로리까지 줄일 수 있는 레시피예요.
게맛살로 포만감을 높였죠.

재료

달걀 … 5개

게맛살(또는 붉은 대게 살) … 3개

참기름 … 약간 / 소금 … 약간 / 가쓰오부시 … 약간

사월's pick

고래사 크랩모아

탱글하고 식감이 좋은 게맛살

TIP. 저염 스트링 치즈를 올려 먹어도 좋아요. 3번 과정 후 치즈를 올리고 뚜껑을 덮어 1분간 더 익혀주세요.

① 게맛살을 얇게 찢습니다.

② 달걀물에 소금을 넣고 풀어준 후 물 90ml를 넣고 섞어 체에 걸러줍니다.

③ 전자레인지용 그릇에 달걀물과 게맛살을 넣어 전자레인지에 2분간 돌려줍니다.

④ (3)을 꺼내 한번 저어준 후 3분 더 돌려줍니다.

⑤ 토핑으로 가쓰오부시를 올리고 참기름으로 마무리합니다.
토핑으로 게맛살을 더 올려도 좋아요.

마늘사태수육

든든하고 담백한 사태로 단백질을 맘껏 채워보세요.
양파를 볶아 달달한 토핑소스를 올려 함께 먹으면 맛있게 다이어트할 수 있어요.

재료

사태 … 600g / 우유 … 150ml
통후추 … 30알 / 대파 … 1단
마늘 … 20톨

토핑소스 재료

올리브유 … 약간 / 양파 … 1개
다진마늘 … 3큰술 / 간장 … 1큰술
알룰로스 … 2큰술

사월's pick

대체코 엑스트라버진올리브오일 산도가 0.4%로 낮아 '가성비'가 좋은 오일
※ 산도가 낮을수록 발열점이 높아져 요리할 때 안심하고 사용할 수 있어요.

TIP. 압력솥이나 밥솥에 찌면 훨씬 부드러워져요. 허브나 채소를 곁들여 균형 있는 식단을 완성하세요.

① 사태는 우유 섞은 물에 30분간 담가 핏물을 뺍니다.
② 냄비에 ⅔ 정도 물을 채운 후 통후추, 대파, 마늘, 사태를 넣고 끓입니다.
③ 끓기 시작하면 중간 불로 줄여 30분 내외로 삶아줍니다.
④ 다 삶은 사태를 꺼내 얇게 썰어줍니다.
⑤ 올리브유를 두른 팬에 채 썬 양파를 넣고 갈색을 띨 때까지 약한 불로 볶습니다.
⑥ 다진 마늘, 간장, 알룰로스를 넣고 약한 불에 1분간 조려 토핑소스를 만듭니다.

명란게맛살빵

고소한 통밀빵과 게맛살, 명란이 만났어요.
식단 하면서 이렇게 맛있게 먹을 수 있나 싶어 놀라게 하는 레시피예요.

재료

바게트 … ½개 / 게맛살(또는 대게 살) … 100g
명란젓 … 2조각 / 비건 마요네즈 … 2큰술
홀 머스터드 … 1큰술 / 스리라차 … 1큰술
바질소스 … 1큰술

사월's pick

르네디종 홀그레인머스타드
알싸함이 적고 깔끔해서 좋은 머스터드

TIP. 바질소스 대신 트러플을 사용해도 좋아요.

① 게맛살을 얇게 찢습니다.

② (1)에 홀 머스터드소스, 스리라차, 비건 마요네즈, 명란젓을 넣고 버무립니다.

③ 빵 중간 부분을 배 가르듯 잘라낸 후 에어프라이어에 넣고 150℃로 5분간 굽습니다.

④ 빵에 바질소스를 얇게 바르고 (2)를 빵에 채웁니다.

땡초애호박파스타

애호박을 면처럼 얇게 슬라이스한 후 구우면 그 자체만으로도 단맛이 나요.
매콤한 토마토소스와 만나 호박의 매력이 배가되는 레시피예요.

재료

애호박 … 1개 / 바질 … 10g
굴소스 … 1큰술 / 토마토 … 2개
땡초 … 1개 / 소금 … 1큰술
식초 … 1큰술 / 토마토 페이스트 … 3큰술

사월's pick

헌트 토마토페이스트
진한 맛이 나서 좋은 토마토 페이스트

TIP. 스파이럴라이저 대신 우엉 채 칼을 사용해도 좋아요.

① 스파이럴라이저로 애호박 하나를 통째로 갈아줍니다.
② 토마토는 엉덩이 부분에 십자 모양으로 칼집을 낸 후 끓는 물에 소금, 식초를 넣고 1분간 데칩니다.
③ (2)의 토마토를 한 김 식힌 후 껍질을 벗겨 준비합니다.
④ 팬에 토마토 페이스트를 넣고 (3)을 으깨듯 섞어 조려줍니다.
⑤ 땡초를 다져 넣고 굴소스, 갈아둔 애호박을 넣어 약한 불에 1분 정도 더 조립니다.
⑥ 그릇에 담은 후 가니시로 바질을 올려 완성합니다.

두유콩크림파스타

고소한 콩가루와 두유가 만나 크림소스 베이스가 되었어요.
입안에 고소함이 가득 차는 레시피예요.

재료

삶은병아리콩 … 60g / 통밀 파스타 … 70g
다진마늘 … 1큰술 / 다진파 … 1큰술
전분 … ½큰술 / 콩가루 … 3큰술 / 들깻가루 … 1큰술
올리브유 … 약간 / 두유 … 200ml / 소금 … 약간

사월's pick
미주라 통밀푸질리
성분이 좋고 통밀이 고소해서 좋은 파스타

TIP. 콩가루나 들깻가루를 올려 고소하게 먹으면 더 좋아요.

① 통밀 파스타를 익혀줍니다.
② 올리브유를 두른 팬에 다진 마늘, 다진 파를 넣고 볶은 후 삶은 병아리콩을 넣어 볶습니다.
③ 두유에 콩가루와 전분을 넣고 잘 섞어줍니다.
④ (2)에 (3)과 파스타를 넣고 약한 불에서 5분간 조립니다.
⑤ 소금으로 간하고 들깻가루를 뿌려 완성합니다.

마녀수프

닭 가슴살 대신 소고기나 돼지고기를 넣어도 좋으니 각자 취향에 맞춰 준비해주세요.
토마토는 방울토마토 20개로 대체할 수 있어요.

재료

양파 … 1개 / 토마토 … 2개 / 닭 가슴살(또는 소고기, 돼지고기) … 250g
양배추 … ¼통 / 브로콜리 … 1개 / 무염 버터 … 15g
카레가루 … 2큰술 / 굴소스 … 2큰술
토마토 페이스트 … 크게 2큰술

사월's pick

헌트 토마토페이스트

진해서 맛있는 토마토 페이스트

TIP. 토마토 맛이 시큼하게 느껴진다면 알룰로스 1큰술이나 맛술 2큰술을 넣어주세요.

① 팬에 버터를 두르고 양파를 올려 갈색을 띨 때까지 볶습니다.
② 닭 가슴살을 지퍼 백에 담아 방망이로 두드려 부드럽게 만들어준 후 (1)에 넣고 약한 불로 2분간 익힙니다.
③ 남은 채소 재료를 모두 넣고 재료가 잠기도록 물을 부어주세요.
④ 카레가루, 굴소스, 토마토 페이스트로 간을 맞춰주세요.

단호박콜드요거트

냉동실에 넣어 6~8시간 이상 얼려 먹는 디저트예요.
먹기 좋게 썰어 아이스크림처럼 건강하게 즐겨보세요.

재료

미니 단호박 … 1개 / 그릭 요거트 … 150~200g
콩가루 … 1큰술 / 녹차가루 … 1큰술
초코 파우더 … ½큰술 / 견과류 … 약간(선택)

사월's pick

대구농산 콩가루

한번 볶은 콩을 사용해 더 고소한 국내산 콩가루

TIP. 6~8시간 이상 얼린 후 아이스크림처럼 먹기 좋은 크기로 썰어주세요.

① 단호박은 전자레인지로 6분간 익혀 반으로 갈라 씨를 제거합니다.
단호박 크기에 따라 익히는 시간을 가감하세요.

② 그릭 요거트를 2개의 볼에 약 75g씩 나눠 담고 각각 콩가루, 녹차가루를 넣습니다.

③ 단호박에 초코 파우더를 뿌린 후 녹차 요거트를 깔고 그 위에 콩 요거트를 깔아줍니다.

④ 취향에 따라 견과류를 올립니다.

⑤ 랩을 씌워 냉동실에 넣어 6~8시간 이상 얼립니다.

Home Michelin

DIET

파트 2. 60kg에서 55kg으로

탄수화물은 많이
먹지 않습니다

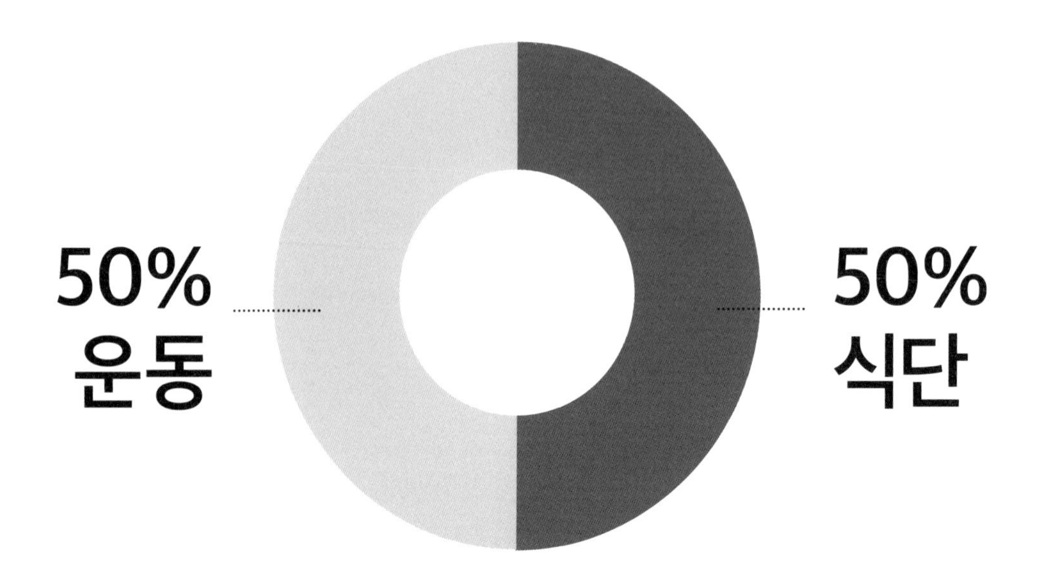

check point

1. 고강도 유산소·근력운동
2. 식사량 유지, 운동량 증가
3. 공복 유지 시간: 14~15시간
4. 하루 3끼 챙기기
5. 입 터짐, 요요 현상 주의

중요 check

공복 유지 시간을 지키는 것은 매일 하기보다 먹는 시간을 어느 정도 유지하면서 몸무게를 줄이는 습관을 길러야 해요. 이 단계에서는 살을 뺀다기보다는 요요를 방지하고 기초 대사량을 끌어올린다는 플랜을 세워야 해요. 요요 방지가 무조건 첫 번째 목표입니다. 그러기 위해서는 몸무게 감량이 정체되는 상태를 즐길 줄 알아야 해요. 이를 위해 저탄고지 식단을 추천합니다. 에너지 효율 때문에 탄수화물 대신 지방을 에너지원으로 쓰면서 당 섭취를 조금씩 줄이는 식단이니까요. 유지가 잘 안 되는 구간이기 때문에 천천히, 그리고 확실히 감량하는 게 가장 중요합니다.

하루 3끼 식사 시간

09:00 12:00 18:00

사월's
check

즐겁게 먹고 운동하며 몸무게 정체 상태를 즐기세요!

이 단계부터는 조금 천천히 내려오는 것이 훨씬 중요합니다. 70kg대는 체지방률이 높기 때문에 감량되는 속도가 빨랐다면, 60kg에서 55kg까지는 먹으면서 운동해야 하는 단계예요. 그러면서 기초대사량을 올리고, 살은 찌지만 건강해지는 것 같다는 느낌을 받아야 합니다. 결국 '정체된다'는 것은 어느 정도 몸무게가 감량되었을 때 살이 잘 찌지 않는다는 말과 같습니다. 체형, 호르몬 상태, 근육량의 상태에 따라 속도가 많이 달라지는 단계이기도 해요. 결국 호르몬과 신진대사량이 중요하고 운동량도 정말 중요합니다. 정체기를 잘 견디는 사람이 서서히 감량한 몸무게를 잘 유지할 수 있어요. 이처럼 잘 유지해서 감량보다 요요가 오지 않도록 운동으로 기초대사량과 활동 대사를 높이는 게 목표입니다.

단백질, 지방을 많이 먹어야 하니 저탄고지 위주의 식단을 애용하세요. 운동량이 많아질수록 탄수화물을 많이 먹게 되면 에너지원으로 쓰이는데, 지방을 먼저 에너지원으로 쓰게 해야 합니다.

저탄고지 식단 이용!

저탄고지 식단은 에너지 전환 효율이 떨어지기 때문에 포만감이 오래가는 장점이 있어요. 이전에는 탄수화물을 에너지원으로 썼다면 이번에는 지방을 에너지원으로 쓰도록 저탄고지 식단을 이용합니다. 당뇨 환자에게는 특히 저탄고지 식단이 필수인데, 다이어터에게도 필수적인 식사법이라고 생각합니다.

원하는 목표를 위해서

서두를 필요는 없지만

쉬어서도

안 돼요

점심
Lunch

프렌치치즈어니언수프

양파는 항산화 작용을 하고 혈중 콜레스테롤 수치를 낮춰주는 최고의 채소예요.
그런 양파를 주재료로 한 어니언수프는 몸의 독소를 빼주는 최고의 식단이랍니다.

재료

양파 … 2~3개 / 가쓰오부시 … ½큰술
어니언 파우더 … ½큰술 / 화이트 와인 … 3큰술(선택)
맛술 … 2큰술 / 치킨 파우더 … ½큰술 / 바게트 … 1~2조각
치즈가루 … 1큰술 / 타피오카 전분 … ½큰술 / 올리브유 … 적당량

사월's pick

안티코 페코리노로마노치즈

농도가 진하고 짭조름한 맛이 진해 수프와 찰떡인 이탈리아 대표 치즈

TIP. 치즈를 뿌려 토치로 가볍게 굽듯 익히면 풍미가 더 깊어져요.

① 냄비에 올리브유를 충분히 두른 후 채 썬 양파를 넣어 갈색이 될 때까지 볶습니다.

② 물 1L를 부은 후 뚜껑을 덮어 약한 불에 15~20분간 끓입니다.

③ 가쓰오부시, 어니언 파우더, 화이트 와인, 맛술, 치킨 파우더를 함께 넣고 끓여줍니다.

④ 전분을 덩어리지지 않게 물에 잘 풀어준 후 (3)에 추가해 3분간 더 끓입니다.

⑤ 먹기 좋게 잘라낸 바게트를 에어프라이어(180℃)에 5분간 굽고 치즈가루를 뿌린 수프에 곁들여 완성합니다.

키노아흑임자샐러드

샐러드 '덕후'의 비장의 샐러드 소스, '흑임자소스'를 곁들인 고단백 키노아샐러드예요.
흑임자소스는 채소를 잘 먹지 못하는 사람도 맛있게 먹게 하는 마법을 부립니다.

재료

키노아 … 60g
오이 … ½개
토마토 … ½개

흑임자소스 재료

흑임자가루 … 1큰술 / 볶은참깨가루 … ½큰술
요거트 … 8큰술 / 비건마요네즈 … 1큰술
간장 … 1큰술 / 스테비아 … 1큰술

사월's pick
지리산처럼 흑임자가루
풍미가 깊은 국내산 흑임자가루

TIP. 키노아는 사포닌 때문에 물에 불리는 과정과 흐르는 물에 비벼 씻는 과정이 중요해요. 쓴맛은 제거하고 식감을 고슬고슬하게 합니다.

① 키노아 양의 2배 정도 되는 물에 키노아를 30분 이상 담가 물에 불립니다.
② (1)을 체에 부어 흐르는 물에 2분간 비벼 씻습니다.
③ 키노아에 물 100ml를 붓고 키노아가 물을 흡수할 때까지 약 15분간 삶습니다.
키노아 양이나 화력에 따라 시간은 다를수 있어요.
④ 불을 끄고 5분간 뜸 들입니다. 이 상태로 냉장 보관은 4~5일, 냉동 보관은 2개월까지 가능해요.
⑤ 먹기 좋게 썬 오이와 토마토 위에 키노아를 얹습니다.
⑥ 분량의 소스 재료를 한데 섞어 흑임자소스를 만들어 뿌려 먹습니다.

참치명란다타키

참치는 바다의 소고기라 불릴 만큼 단백질 함량이 높고 영양이 풍부해요.
다이어트 식단은 물론, 다이어트 술안주로도 안성맞춤인 재료예요.

재료

냉동참치 … 300g / 검은깨 … 5작은술 / 흰깨 … 5작은술
참기름 … 1큰술 / 소금 … 1큰술 / 후춧가루 … 약간
무순 … 약간 / 양파 … ¼개 / 올리브유 … 약간

오렌지명란소스 재료

디종 머스터드 … 1큰술 / 명란 … 1조각 / 오렌지 껍질 … ½개
오렌지 … 1개 / 다진 마늘 … ½큰술 / 다진 파 … ½큰술
통깨 … ½큰술 / 식초 … 3큰술 / 올리브유 … 4큰술

사월's pick

비룩스 디종머스타드

알싸한 맛이 일품이라 샐러드 드레싱으로 사용하기 좋은 머스터드

TIP. 오렌지 껍질을 제스터 필러로 썰 때 겉면을 최대한 얇게 스치듯 갈아주세요. 과육 껍질인 하얀 부분은 쓴맛이 나기 때문에 요리에 들어가지 않도록 조심하세요.

① 소금을 넣은 물에 참치를 담가 10분간 해동한 후 직사각형으로 자릅니다.
물은 참치가 다 잠길 정도여야 합니다.

② 접시에 참기름, 후춧가루, 검은깨, 흰깨를 섞고 참치를 굴려 양념을 골고루 묻힙니다.

③ (2)를 냉동실에 넣고 20분간 굳혀 참치 큐브를 만듭니다.

④ 올리브유를 두른 팬에 참치 큐브를 넣어 튀겨내듯 익힌 후 다시 냉동실에 5분간 넣어둡니다.
한 면당 30초씩 뒤집어가며 익혀주세요.

⑤ 으깬 명란에 오렌지를 먹기 좋게 썰어 넣고, 분량의 소스 재료를 섞어 오렌지명란소스를 만듭니다.

⑥ 그릇 위에 양파, 무순, 오렌지를 올린 후 참치를 올리고 소스를 뿌립니다.

오트밀김치전

김치와 유부가 만나 감칠맛이 한층 업그레이드되었어요.
밀가루 대신 오트밀과 타피오카 전분을 사용해 칼로리는 낮추고 영양은 올렸습니다.

재료

오트밀 … 2큰술 / 유부 … 100g / 달걀 … 2개 / 신 김치 … ¼포기
고운 고춧가루 … 1큰술 / 가쓰오부시가루 … ½큰술 / 김칫국물 … 5큰술
타피오카 전분 … 1큰술 / 아몬드가루 … 1큰술 / 올리브유 … 약간

사월's pick

밀가루대신 타피오카전분

글루텐프리라 소화가 잘되고 요리 활용도도 높은 타피오카 전분

TIP. 전분이나 달걀은 점도에 따라서 양을 조절해주세요.

① 신 김치와 유부를 잘게 잘라 볼에 넣어줍니다.

② 김칫국물에 달걀을 풀고 타피오카 전분, 아몬드가루를 덩어리지지 않게 잘 풀어준 후 (1)에 넣습니다.

③ 오트밀, 고춧가루도 함께 넣어 반죽을 만듭니다.

④ 올리브유를 두른 팬에 반죽을 1큰술씩 떠 올려 동그랗게 굽습니다.

⑤ 가쓰오부시가루를 올려 완성합니다.

들기름김무침파국수

파 향 가득한 김무침 고명과 메밀의 고소함이 어우러져 혀끝에
알싸함과 고소함이 맴도는 레시피예요. 심플하지만 자주 생각나는 레시피가 될 거예요.

재료

통밀국수 ··· 100g / 대파 ··· 1대 / 생김 ··· 2장
간장 ··· 3큰술 / 알룰로스 ··· 1큰술
들기름 ··· 2큰술 / 가쓰오부시가루 ··· 1큰술

사월's pick

나가타니엔 메밀면

45%의 메밀이 함유돼 있어 메밀 향이 은은하게 나고 고소한 메밀 면

TIP. 파 특유의 알싸한 맛이 부담스럽다면 올리브유에
파를 볶아 사용하세요.

① 끓는 물에 통밀국수를 넣어 5~10분간 익힌 후 찬물에 헹궈줍니다.

② 파를 손가락 한 마디 크기로 자릅니다.

③ 김을 봉지째 부숴 파와 함께 볼에 담습니다.

④ (3)에 간장, 알룰로스, 들기름, 가쓰오부시가루 ½큰술을 섞어 양념장을 만든 후 면에 버무립니다.

⑤ (4)를 그릇에 옮겨 담고 남은 가쓰오부시가루를 올려 완성합니다.

STEELWORKS

당근라페샌드위치

오렌지와 당근이 만났어요.
오렌지의 새콤함과 당근의 달콤함이 입안을 가득 채우는 레시피랍니다.

재료

샌드위치 빵 … 1장 / 당근 … 1~2개 / 비건 마요네즈 … ½큰술
홀 머스터드 … 1큰술 / 오렌지즙(또는 오렌지 주스) … 2큰술
토마토절임(또는 선드라이 토마토) … 4개 / 매실청 … 1큰술 / 소금 … ½큰술

사월's pick

코지코메 이탈리안다테리노토마토절임
씨가 적고 껍질이 얇아 단맛이 풍성한 토마토절임

TIP. 토마토절임 대신 간편하게 삶은 달걀을 올려도 좋아요.

① 당근은 채 썰고 소금을 넣어 고루 버무린 후 15분간 절입니다.
② 홀 머스터드, 오렌지즙, 매실청을 넣고 버무려 (1)에 버무립니다.
③ 샌드위치 빵에 비건 마요네즈를 펴 바르고 (2)와 토마토절임을 올립니다.

게맛살코코넛소스덮밥

코코넛 크림은 비건 식단에 주로 쓰이는 크림으로
키토제닉 식단에 사용하면 현명하게 다이어트할 수 있는 주재료입니다.

재료

게맛살 … 50g / 루콜라 … 1줌
다진 마늘 … ½큰술 / 타피오카 전분 … ½큰술 / 코코넛 밀크 … 100g
굴소스 … 2큰술 / 곤약밥 … 150g / 올리브유 … 약간

사월's pick
타이 헤리티지코코넛크림
코코넛 함량이 높은 코코넛 크림

TIP. 게맛살 대신 대게 살을 사용하면 풍미가 더 높아져요.

① 게맛살을 손으로 찢어 준비합니다.
② 올리브유를 두른 팬에 다진 마늘을 넣어 1분간 볶은 후 게맛살을 넣고 1분 더 볶습니다.
③ 타피오카 전분을 물에 넣고 덩어리지지 않게 잘 풀어줍니다.
④ (2)에 코코넛 밀크를 넣고 끓기 시작하면 (3)과 굴소스를 넣어 1분간 조려 소스를 만듭니다.
⑤ 곤약밥 위에 소스를 얹고 루콜라를 곁들여 완성합니다.

블랙빈단호박수프

항산화 작용을 하는 안토시아닌이 풍부한 검은콩과
식이 섬유가 풍부한 단호박의 조합이 몸을 가볍게 만들어줄 거예요.

재료

찐 블랙 빈 … 2큰술 / 단호박 … 1개
두유 … 150ml / 어니언 파우더 … ½큰술
파슬리(또는 다른 허브) … 약간

사월's pick

이롬 황성주 무가당두유
본연의 고소한 맛에 충실하고 성분도 좋은 두유

TIP. 검은콩은 밥솥에 삶은 후 냉동실에 소분해두면 사용하기 편리해요.

① 단호박은 전자레인지로 3분간 익혀 반으로 잘라 씨를 뺀 후 다시 전자레인지로 10~20분간 익힙니다.
익는 정도에 따라 시간을 가감해주세요. 잘게 썰어 익히면 더 빨리 익어요.

② 믹서에 찐 블랙 빈, 두유, 단호박을 넣고 갈아줍니다.

③ 냄비에 (2)를 옮겨 담아 어니언 파우더를 넣고 끓입니다.

④ 파슬리를 뿌려 마무리합니다.

튜나셀러리샌드

맛있을 수밖에 없는 조합인 참치와 마요네즈.
얇은 신 크래커 위에 올려 오픈 샐러드로 즐기면서 맛있게 체중을 감량하세요.

재료

신 크래커 … 1개 / 참치 캔 … 1캔(150g)
배춧잎 … 2장 / 셀러리 … 1줄기 / 작은 양파 … ½개
비건 아보카도 마요네즈 … 2큰술 / 후춧가루 … 약간

사월's pick

핀크리스프 씬브래드

칼로리, 고소함, 바삭함의 3박자를 모두 갖춘 크래커

TIP. 다진 양파는 1분간 찬물에 담갔다가 사용하면 매운맛이 중화됩니다.

① 참치는 기름을 빼고 따뜻한 물에 한번 헹궈냅니다.

② 배춧잎은 끓는 물에 살짝 데친 후 다져줍니다.

③ 셀러리와 양파도 다진 후 참치와 다진 배추, 비건 아보카도 마요네즈, 후춧가루를 넣어 버무립니다.

④ 신 크래커 위에 (3)을 샌드위치처럼 올려 먹습니다.

흑임자그릭샌드

혀끝에서 느껴지는 고소함에 감탄이 절로 나오는 맛이에요.
흑임자는 불포화지방산이 풍부하고 혈관의 염증을 줄여줘 건강식에 꼭 필요한 재료죠.

재료

비건 베이글 … 1개 / 그릭 요거트 … 100g
흑임자가루 … 1큰술 / 콩가루 … 1큰술
스테비아 … ½큰술 / 캐슈너트 … 30g

사월's pick

지리산처럼 흑임자가루

풍미 깊고 고소한 국내산 흑임자가루

TIP. 캐슈너트를 중간중간 청키하게 올려주면 더 매력적인 그릭샌드를 즐길 수 있어요.

① 베이글을 반으로 갈라 에어프라이어에 180℃로 1분간 굽습니다.
② 그릭 요거트에 흑임자가루, 콩가루, 스테비아를 넣고 섞습니다.
③ 캐슈너트도 갈아서 (2)에 넣어줍니다.
④ 비건 베이글에 (3)을 올려 먹습니다.

몸이 나에게

아프다고

신호를 주기 전에

관심 가지기

저녁
Dinner

오징어무침&김부각카나페

밀가루가 주재료인 크래커 대신 생김과 라이스페이퍼 조합이
칼로리는 덜어내고 맛은 더 특별하게 선사할 거예요.

재료

작은 오징어 … 1마리(100g) / 양배추 … 250g
오이 … ½개 / 라이스페이퍼 … 4~5장
생김 … 2장 / 당근 … ½개 / 올리브유 … 4큰술

비빔소스 재료

식초 … 2큰술 / 피시소스 … 1큰술
스테비아 … ½큰술 / 고추장 … 1큰술
통깨 … ½큰술

사월's pick

바다천지 2년숙성피시소스
감칠맛이 좋은 숙성 피시소스

TIP. 오징어 대신 문어, 주꾸미를 사용해도 좋아요. 김 없이 라이스페이퍼 2장을 겹쳐 튀기듯 구우면 더 바삭하게 먹을 수 있어요.

① 끓는 물에 오징어를 3분간 데칩니다.
② 양배추와 오이, 당근은 채 썰어 볼에 담습니다.
③ (2)에 오징어를 담습니다.
④ (3)에 분량의 소스 재료를 넣고 버무려 비빔 고명을 완성합니다.
⑤ 생김과 라이스페이퍼를 물을 살짝 묻혀 겹쳐 붙여준 후 한입에 먹기 좋은 크기로 자릅니다.
⑥ 올리브유를 두른 팬에 (5)를 3~5초 정도 튀기듯이 굽습니다.
⑦ (4)와 (6)을 그릇에 담으면 완성입니다.

참치포케

알싸한 와사비와 참치가 만났어요!
냉동고에서 와사비가루로 코팅된 '살얼음 참치'가 집밥을 해 먹고 싶게 만들어줄 거예요.

재료

냉동참치 ··· 150g / 레몬즙 ··· 1큰술 / 와사비가루 ··· ½큰술
후춧가루 ··· 약간 / 맛술 ··· 1큰술 / 곤약밥 ··· 150g
아보카도 ··· 1개 / 허브(고수, 파슬리, 바질 등) ··· 적당량

사월's pick

삼광 생와사비

깊고 진한 매운맛이 느껴지는 와사비

TIP. 맛이 심심하다고 느껴진다면 스파이시 마요나 간장을 넣어주세요.

① 냉동 참치를 깍둑썰기 합니다.

② 레몬즙, 맛술, 와사비가루, 후춧가루를 섞어 참치에 버무려 냉동실에 20분간 넣어둡니다.

③ 곤약밥을 볼에 담고 아보카도를 깍둑썰기 해 올린 후 참치를 올립니다.

④ 취향껏 허브를 고명으로 올려 완성합니다.

칠리닭가슴살토르티아

요거트의 부드러움과 칠리가루가 만나 타코 맛을 연상시킵니다.
단언컨대 닭 가슴살을 가장 맛있게 먹을 수 있는 방법이에요.

재료

통밀 토르티아 … 1~2장 / 베이크드 빈 … 2큰술 / 땡초 … 1개
칠리 파우더 … ½큰술 / 고추장 … ½큰술 / 닭 가슴살 … 200g
카레가루 … ½큰술 / 요거트 … ½큰술 / 올리브유 … 적당량

사월's pick

맥코믹 칠리파우더

칠리의 향과 매운맛이 어우러져 깊은 풍미를 내는 향신료

TIP. 닭 가슴살 대신 소고기를 사용해도 좋아요.

① 올리브유를 두른 프라이팬에 칠리 파우더와 잘게 자른 땡초를 넣어 고추기름을 내듯 약한 불로 볶습니다.
탄내가 올라오거나 불이 세면 불을 끄고 볶아주세요.

② (1)에 베이크드 빈과 고추장을 넣어 콩 페이스트를 만듭니다.

③ 다른 프라이팬에 닭 가슴살을 올려 1분간 구운 후 카레가루, 요거트를 넣어 1분 더 약한 불에 굽습니다.

④ 통밀 토르티아 위에 닭 가슴살과 콩 페이스트를 올려서 먹습니다.

두부쌈장배추쌈

단백질이 풍부한 두부소보로를 활용해 특별한 쌈장을 만들 거예요.
곤약밥과 함께 쌈을 싸서 든든하게 드세요.

재료

배춧잎 … 10장
깻잎 … 10장
곤약밥 … 150g

두부쌈장 재료

두부 … ½모(150g) / 고추장 … 1큰술
된장 … 1큰술 / 참기름 … 1큰술
호두 … 10개 / 캐슈너트 … 10개

사월's pick
유가원 유기농호두
냄새 없이 신선함이 오래 유지되는 호두

TIP. 쌈장이 짜지 않고 견과류를 많이 넣어 맛있게 다이어트할 수 있어요. 콩가루를 1큰술 추가하면 더 고소하고 담백해요.

① 기름을 두르지 않은 프라이팬에 두부를 으깨 수분을 제거하며 굽습니다.
두부소보로를 만드는 작업입니다.

② 볼에 (1)을 넣고 고추장, 된장, 참기름, 다진 호두, 다진 캐슈너트를 넣어 쌈장을 만듭니다.

③ 끓는 물에 배춧잎과 깻잎을 각각 데칩니다.

④ 데친 배추 위에 곤약밥과 쌈장을 올려 쌈을 쌉니다.
깻잎도 같은 방식으로 쌈을 싸주세요.

숙주두부면팟타이

밀가루 면 대신 두부 면으로 단백질을 챙길 수 있는 레시피예요.
단백질 함량이 높아 근육량을 늘리고 싶은 사람들에게 좋아요.

재료

숙주 … 1줌 / 닭가슴살 … 150g / 대파 … ½대
두부 면 … 1인분(100g) / 페페론치노 … 2~3개 / 다진 마늘 … 1큰술
통마늘 … 5개 / 달걀 … 2개 / 굴소스 … 1큰술
팟타이소스 … 2큰술 / 땅콩가루 … 약간 / 올리브유 … 약간

사월's pick

맑은물에 국산콩담백면두부
국산 콩으로 만들어 안심되는 두부 면

TIP. 조금 더 가볍게 먹고 싶다면 두부 면은 줄이고 숙주의 양을 늘려주세요.

① 두부 면과 숙주를 끓는 물에 함께 1분간 데친 후 찬물에 한번 헹굽니다.
② 올리브유를 두른 팬에 잘게 썬 대파를 볶아 파기름을 낸 후 페페론치노, 다진 마늘, 통마늘을 추가해 1분간 볶습니다.
③ 닭 가슴살을 막대기로 두드려 부드럽게 만들어준 후 (2)의 팬에 앞뒤로 굽습니다.
④ (3)을 팬 한편에 밀어내고 달걀로 스크럼블드에그를 만듭니다.
⑤ 두부 면을 넣고 스크럼블드에그, 닭 가슴살과 함께 볶습니다.
⑥ 굴소스, 팟타이소스를 넣고 땅콩가루를 뿌려 완성합니다.

어니언두유닭가슴살덮밥

고소한 두유와 카레가루가 만나 담백하면서 고소한 덮밥이 되었어요.
두유는 칼로리가 낮고 단백질이 풍부해 체중 관리에 큰 도움이 된답니다.

재료

닭가슴살 … 150g / 양파 … 1개
카레가루 … ½큰술 / 건새우 … 1큰술
타피오카전분 … 1큰술 / 가쓰오부시장국 … 2큰술
곤약밥 … 150g / 두유 … 100ml / 올리브유 … 약간

사월's pick
이롬 황성주 무가당두유
본연의 고소한 맛에 충실한, 성분 좋은 두유

TIP. 건새우 대신 밥새우를 활용해도 좋아요.

① 올리브유를 두른 팬에 건새우를 올려 약한 불에 가볍게 볶습니다.

② (1)에 양파를 추가해 갈색을 띨 때까지 볶습니다.

③ 닭 가슴살을 방망이로 두드려 부드럽게 만들고 조각을 낸 후 (2)를 팬 한편에 밀어내고 올리브유를 다시 한번 둘러준 후 앞뒤로 굽습니다.

④ 카레가루를 넣어 약한 불에 1분 더 굽습니다.

⑤ (4)에 물 3큰술, 두유, 가쓰오부시 장국을 넣고 타피오카 전분을 추가해 농도를 조절하며 볶은 양파, 건새우와 함께 조려줍니다.
작은 종지에 물을 붓고 전분을넣어 덩어리지지 않게 잘 풀어주세요.

⑥ 곤약밥 위에 올려 완성합니다.
건새우가 남았다면 토핑으로 올려 먹어도 좋아요.

김참무

식단 하면서 정말 많은 도움을 받아 애용하는 레시피예요.
김으로 쌈무, 참치, 무순을 말아 맛있게 먹는 일명 '김참무'입니다.

재료

참치 … 1캔 / 김밥 김 … 1+½장
무순 … 1줌 / 깻잎 … 3장
비건 마요네즈 … 2큰술 / 쌈무 … 6장
홀 머스터드 … ½큰술 / 후춧가루 … 약간 / 곤약밥 … ½공기

사월's pick

비비드키친 비건마요

비건 마요네즈 중 칼로리가 낮은 마요네즈

TIP. 김과 김을 연결할 때 김 끝에 물을 살짝 묻히면 잘 붙어요. 물기가 남지 않도록 참치 내용물을 꼭 짜주는 것이 필요해요.

① 참치는 기름을 빼고 뜨거운 물에 헹궈 물기를 뺍니다.

② 볼에 무순을 다지듯 썰어 넣고 (1)을 넣어 섞어줍니다.

③ 비건 마요네즈, 후춧가루, 홀 머스터드도 함께 넣고 비벼 참치 소를 만듭니다.

④ 김 1장과 반 장을 붙여 연결하고 깻잎, 쌈무, 곤약밥, 참치 소를 차례대로 올려 돌돌 말아준 후 먹기 좋게 썰어 완성합니다.

연두부곤약톳솥밥 feat. 곤드레나물소스

톳의 바다 내음과 손두부의 부드러움이 입안을 가득 채우는 레시피예요.
연두부와 곤드레, 그리고 톳이 만나 최고의 조합을 이룹니다.

재료

곤약쌀 … 200g / 카무트 … 100g / 연두부 … 100g / 말린곤드레 … 15g
말린찐톳 … 5g / 어간장 … 1큰술 / 참기름 … 1큰술 / 다진마늘 … 1큰술
땡초 … 1개 / 통깨 … 1큰술 / 올리브유 … 약간 / 식초 … 2큰술

사월's pick
바다가차린식탁 밥지을때찐톳
입자가 작고 사용이 간편한 말린 톳

TIP. 김에 싸먹으면 금상첨화입니다.

① 말린 곤드레를 뜨거운 물에 20분간 불리고, 카무트도 뜨거운 물에 5분간 불립니다.
② 곤약쌀을 식초물에 5분간 담근 후 흐르는 물에 씻습니다.
곤약의 냄새를 제거하는 과정입니다.
③ 올리브유를 두른 솥에 다진 마늘을 1분간 볶다가 곤약쌀, 카무트, 곤드레, 톳을 넣고 물을 자작하게 부어줍니다.
④ 강한 불에서 10분간 익히다 끓기 시작하면 약한 불에서 15분간 더 익혀주세요.
⑤ (4)에 연두부와 땡초를 살포시 얹어 뚜껑을 덮고 10분간 뜸 들입니다.
⑥ 통깨와 참기름, 어간장을 뿌려 완성합니다.

두부달걀오코노미야키 feat. 숙주나물

숙주나물의 아삭함과 두부의 고소함이 어우러진 반죽이 매력적인 오코노미야키예요.
입맛에 따라 다른 채소를 넣어도 좋아요.

재료

두부 … ½모(150g) / 숙주 … 1줌(100g)
달걀 … 2개 / 모차렐라 치즈 … 2큰술
베이컨 … 3장 / 올리브유 … 약간

소스 재료

비건 마요네즈 … 1큰술
데리야키소스 … 1큰술
가쓰오부시 … 1큰술

사월's pick
비비드키친 비건마요
비건 마요네즈 중 칼로리가 낮은 마요네즈

TIP. 숙주 대신 채 썬 양배추를 사용해도 괜찮아요. 취향껏 넣어주세요.

① 두부를 손으로 으깬 후 달걀을 풀어 반죽하듯 섞어줍니다.
② (1)에 한입 크기로 썬 베이컨과 숙주도 넣어줍니다.
③ 올리브유를 두른 팬에 (2)를 넓게 펴서 앞뒤로 익힙니다.
뒤집기 힘들면 물을 조금 붓고 뚜껑을 덮어 약한 불에서 3분간 천천히 익혀주세요.
④ 반죽이 어느 정도 익었다면 치즈를 넣고 뚜껑을 덮어 약한 불에서 1분간 치즈를 녹여줍니다.
⑤ 데리야키소스와 비건 마요네즈, 가쓰오부시를 뿌려 완성합니다.

양지두부스키야키

사케 국물이 매력적인 스키야키예요.
단백질이 부족할 때 자주 찾는 레시피입니다.

재료

양지 … 300g / 두부 … ½모(150g) / 달걀노른자 … 1개 분량
가쓰오부시 장국 … 2큰술 / 맛술 … 1큰술
사케 … 50ml(선택) / 가쓰오부시 … 1큰술 / 표고버섯 … 2개

사월's pick

야마키 시라다시가쓰오부시육수
향이 일품인 가쓰오부시 국물

TIP. 양지 대신 훈제 오리고기를 사용해도 좋아요.

① 프라이팬에 양지를 5분간 굽다가 가쓰오부시 장국, 맛술을 넣어 조리듯 익힙니다.
② 물 1컵(종이컵)과 사케를 넣은 후 끓어오르면 두부를 먹기 좋게 잘라 넣습니다.
③ 표고버섯도 함께 넣어 조립니다.
④ 뚜껑을 덮어 약한 불에 5분 더 끓인 후 달걀노른자와 가쓰오부시를 추가해 완성합니다.

Home Michelin

DIET

파트 3. 55kg에서 50kg으로

한 그릇을 다 먹지 않고 양 조절하는 연습하기

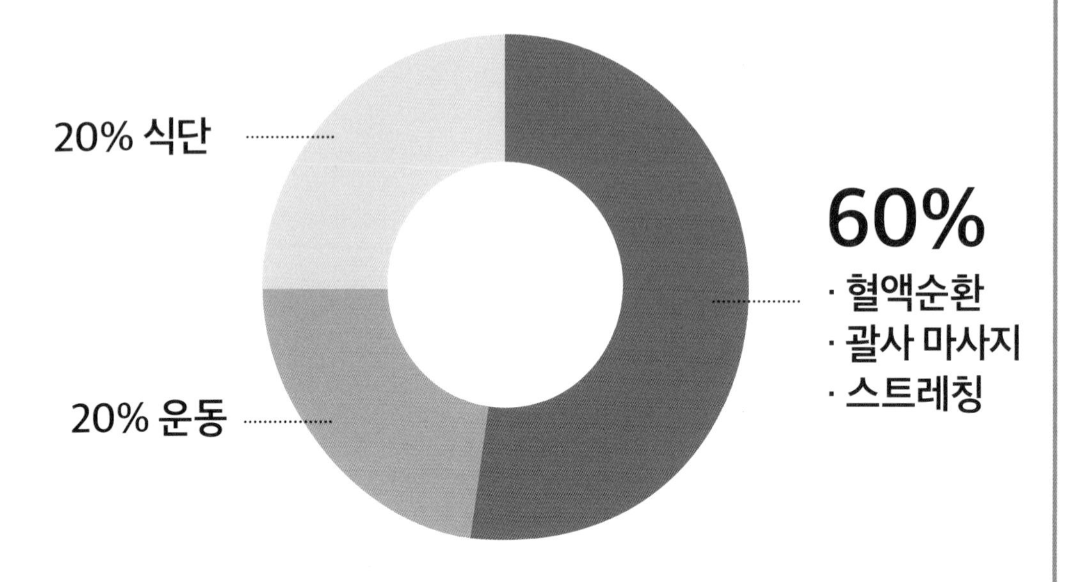

check point

1. 복부 벨트로 체지방 똑똑하게 분해하기
2. 부위별 근력운동
3. 스트레칭 중요
4. 괄사 마사지, 혈액순환 관리

중요 check

이 단계부터는 몸의 라인을 잡아주는 스트레칭과 혈액순환, 괄사 관리가 진짜 중요해요. '눈바디'와 몸무게가 많이 차이 나는 기간이기도 해요. 몸의 라인을 잡아가면서 부위별로 근력운동을 하는 게 굉장히 중요해요. 복부 벨트나 열을 가둘 수 있는 아이템을 이용해 체지방을 똑똑히 분해해야 합니다. 몸무게만이 아닌, 실질적인 눈바디, 그리고 몸 라인에 대한 만족도가 중요하죠. 유지할 때 몸무게는 조금 올라가겠지만, '일주일은 근력운동과 일반식, 일주일은 식단' 식으로 병행하면 점점 감량될 거예요.

하루 3끼 식사 시간

09:00 12:00 18:00

사월's check

체지방 분해를 효과적으로!

몸무게를 감량해 50kg까지 떨어졌다고 해서 무조건 만족스러운 몸매가 되는 게 아니에요. 몸무게가 50kg이 되면 몸무게가 많이 빠졌다고 생각합니다. 하지만 눈바디를 체크해보면 몸의 라인이 살아나지 않고 통짜 몸매 같은 느낌이 강해 옷을 입어도 태가 나지 않아요. 한마디로 몸무게는 감량했으나 만족감은 떨어지게 됩니다. 이때 대부분 체지방 분해 주사를 맞거나 한의원에 가서 약을 지어 먹는 등 여러 방법을 사용하지만, 가장 좋은 건 괄사 마사지와 스트레칭이에요. 괄사는 림프관을 자극해 쌓인 노폐물을 순환시켜 경직된 근육을 푸는 효과가 있습니다. 스트레칭도 관절의 가동 범위를 넓혀 유연성을 향상시키고 혈액순환을 촉진하는 한편, 부상을 예방하는 효과까지 있어요. 두 가지 모두 효과적으로 체지방을 분해할 수 있는 아주 좋은 방법입니다.

괄사 마사지와 스트레칭을 병행!

부위별로 괄사 마사지를 본격적으로 진행하세요. 단순히 몸무게만 감량하는 것과 부위별로 괄사 마사지, 스트레칭을 병행하는 것은 매우 다릅니다. 중요한 건 눈에 보이는 몸무게의 숫자가 아닌, 실질적인 눈바디예요. 만족도가 가장 중요한 단계입니다.

차근차근!

일상에서

건강한 습관

들이는 연습을 해요

점심
Lunch

STEELWORKS

바질소바

소스에서 느껴지는 캐슈너트의 고소함과
바질, 들깨가 잘 어우러지는 레시피예요.

재료

메밀 면 … 100g / 다진 대파 … 1큰술 / 바질 … 30g
캐슈너트 … 30g / 바질소스 … 2큰술 / 들깻가루 … 1큰술
굴소스 … 1큰술 / 레몬즙 … 1큰술 / 올리브유 … 약간

사월's pick

알마니노 바질페스토

대용량이라 냉동실에 소분해서 사용하기 좋은 바질 페스토

TIP. 바질 대신 바질가루를 사용해도 좋아요.

① 메밀 면을 물에 끓여서 준비합니다.

② 올리브유를 두른 프라이팬에 다진 대파를 넣고 볶아줍니다.

③ 믹서에 물 50ml를 넣고 바질, 캐슈너트를 넣어 함께 갈아줍니다.

④ (2)에 (3)을 넣고 함께 볶습니다.

⑤ 바질소스, 들깻가루, 굴소스, 레몬즙을 넣은 후 익힌 메밀 면을 넣고 버무려 완성합니다.

토마토부르스케타

익힌 토마토에서 느껴지는 다채로운 맛과 향이 군침을 돌게 하는 레시피예요.
익힌 토마토는 나쁜 콜레스테롤은 감소시키고 좋은 콜레스테롤은 증가시켜 혈관 건강에 도움을 줍니다.

재료

방울토마토 … 10개 / 양파 … ½개 / 소금 … 약간
후춧가루 … 약간 / 올리브유 … 1큰술 + 약간 / 발사믹 식초 … 1큰술
바게트 … ⅔개 / 마늘 … 6톨

사월's pick

안티코 페코리노로마노치즈
농도가 진하고 짭조름한 맛이 진한 이탈리아 대표 치즈

TIP. 다진 양파는 1분간 찬물에 담근 후 사용하면 매운 맛이 중화됩니다.

① 방울토마토는 반을 잘라 씨를 빼 먹기 좋게 다집니다.

② 양파도 다져 찬물에 1분간 담가 매운맛을 중화합니다.

③ 볼에 다진 토마토, 다진 양파, 소금, 후춧가루, 올리브유 1큰술, 발사믹 식초를 넣고 잘 버무립니다.

④ 적당한 두께로 썬 바게트 위에 슬라이스한 마늘을 문질러 향을 입힙니다.
슬라이스한 마늘을 포크로 콕 집어 빵에 살살 문질러주세요.

⑤ (4)에 올리브유를 약간 뿌리고 에어프라이어로 160℃에 5분간 굽습니다.
스프레이를 사용하면 편해요.

⑥ 구운 바게트에 (3)을 올려 먹습니다.

토마토프리타타

두유와 달걀이 고소한 맛을 한껏 끌어올려줘요.
치즈를 뿌려 풍미를 살리는 것도 잊지 마세요.

재료

시금치 … 1줌(30g) / 베이컨 … 3줄 / 달걀 … 3개
후춧가루 … 약간 / 소금 … 약간 / 두유 … 100ml
방울토마토 … 5개 / 양파 … ½개 / 모차렐라 치즈 … 2큰술
바질 … 약간 / 올리브유 … 약간

사월's pick

이롬 황성주 무가당두유

본연의 고소한 맛에 충실하고 성분이 좋은 두유

TIP. 베이컨 대신 두부를 사용해도 좋아요.

① 올리브유를 두른 프라이팬에 양파를 다져 넣고 갈색을 띨 때까지 볶습니다.

② 베이컨을 넣고 2분간 더 볶습니다.

③ 방울토마토와 시금치도 먹기 좋게 잘라 (2)에 넣고 볶습니다.

④ 달걀은 볼에 깨 넣고 풀어 두유를 넣은 후 소금과 후춧가루로 간해주세요.

⑤ 채소의 숨이 어느 정도 죽으면 (4)를 붓습니다.

⑥ 약한 불로 줄여 가볍게 저으며 달걀을 골고루 익힙니다.

⑦ 달걀이 익으면 모차렐라 치즈를 뿌린 후 뚜껑을 덮고 약한 불로 2분간 굽습니다.
토핑으로 바질을 올려 완성하세요.

감자갈레트

채 썬 감자의 색다른 발견.
익힌 감자의 꼬들꼬들한 식감과 크레페의 조화가 정말 맛있어요.

재료

감자 … 1개 / 크레페 … 1장 / 소금 … 약간
후춧가루 … 약간 / 달걀 … 1개 / 루콜라 … ½줌(5g)
치즈 … 1큰술 / 올리브유 … 약간

사월's pick

페이장브르통 오리지널 크레페
얇고 바삭한 식감이 최고인 크레페

TIP. 크레페는 얇은 것을 사용하면 식감이 훨씬 좋아요.

① 감자는 채 썰어 소금, 후춧가루로 간한 후 올리브유를 두른 프라이팬에 도넛 모양으로 굽습니다.
가운데 빈 공간은 달걀이 들어갈 자리예요.

② 가운데에 달걀을 깨 넣고 뚜껑을 덮어 약한 불에 5분간 구워 감자채전을 만듭니다.

③ (2)는 접시에 옮겨두고 프라이팬에 크레페를 1분간 굽습니다.

④ 크레페 위에 감자채전을 올리고 양 모서리를 접어 네모나게 만듭니다.

⑤ 루콜라와 치즈를 올려 완성합니다.

슈림프세비체

신선한 오렌지 과육과 즙으로 만든 소스로
입맛을 상큼하게 돋워주는 콜드 새우샐러드를 즐겨보세요.

재료

새우 … 8~10마리 / 방울토마토 … 6개 / 당근 … ½개
오렌지 … ½개 / 발사믹 식초 … 1큰술 / 바질가루 … ½큰술
오렌지즙 … 1큰술 / 화이트 와인 … 1큰술(선택)

사월's pick

주세페주스티 화이트발사믹소스
적당한 산미와 단맛의 밸런스가 좋아 샐러드에 안성맞춤인 소스

TIP. 당근은 얇게 저미듯 썰어도 좋아요.

① 새우를 끓는 물에 2분간 데친 후 얼음물에 담가줍니다.

② 방울토마토는 모두 반으로 자릅니다.

③ 당근은 양배추용 채칼로 최대한 굵게 슬라이스하듯 자르고 오렌지는 과육만 발라냅니다.

④ 볼에 손질한 재료들을 넣고 오렌지즙, 발사믹 식초, 바질가루, 와인(선택)을 넣어 버무립니다.

두부초밥

단백질을 특별하게 먹을 수 있는 단백질 초밥 레시피예요.

재료

부추 … 30g / 두부 … 1모(300g) / 다진 소고기 … 80g
어간장 … 2큰술 / 맛술 … 1큰술 / 달걀 … 2개 / 당근 … ½개
청양고추 … 1개 / 올리브유 … 약간

사월's pick

해어림 제주어간장

짠맛보다 감칠맛이 더 두드러지는 어간장

TIP. 식물성 단백질인 콩을 추가해도 잘 어울려요.

① 두부를 삼각형으로 잘라 달걀물을 입혀 올리브유를 두른 프라이팬에 굽습니다.

② 당근, 부추, 청양고추는 잘게 다집니다.

③ 볼에 (2)를 담고 다진 소고기, 어간장, 맛술을 넣어 잘 버무립니다.

④ 구운 두부에 칼집을 내 (3)을 속에 채워줍니다.

⑤ 전자레인지용 찜기에 옮겨 담아 5분간 찝니다.
찜기를 사용해도 좋아요.

STEELWORKS

명란우동

어간장에 버무린 쫄깃한 면발과 명란은 최고의 궁합을 이룹니다.
우동에 토핑으로 명란을 올려 맛있게 식단 하세요.

재료

우동 면 … 1개(230g) / 명란 … 2조각 / 마늘 … 10톨
다진 파 … 1큰술 / 소금 … 1큰술 / 가쓰오 간장 … 1큰술
어간장 … ½큰술 / 달걀노른자 … 1개 분량 / 김가루 … ½큰술 / 올리브유 … 약간

사월's pick

덕화명란 백명란

짠맛이 덜하고 싱싱한 명란

TIP. 우동 면 대신 메밀 면을 사용해도 좋아요.

① 소금을 넣은 끓는 물에 우동 면을 삶은 후 찬물에 헹궈 쫄깃하게 준비해둡니다.

② 명란은 반으로 갈라 알만 긁어내고 마늘은 편으로 썰어 준비합니다.

③ 올리브유를 두른 프라이팬에 다진 파, 편 마늘을 넣고 1분간 볶다가 불을 끄고 한 김 식힙니다.
식히는 동안 마늘이 쫄깃쫄깃해져요.

④ 볼에 우동 면을 넣고 가쓰오 간장, 어간장을 넣어 버무립니다.

⑤ 그릇에 옮겨 담은 후 (3), 명란, 김가루, 달걀노른자를 올립니다.

달걀유부오트밀파전

유부로 현명하게 단백질을 채운 오트밀파전 레시피예요.
타피오카 전분을 사용해 더 특별하게 만들어보세요.

재료

유부 … 100g / 달걀 … 2개 / 깐 쪽파 … ½줌
타피오카 전분 … 1큰술 / 소금 … 약간 / 후춧가루 … 약간
고운 오트밀 … 1큰술 / 올리브유 … 약간

사월's pick

네이쳐패스 유기농퀵오트밀
입자가 곱고 고소한 향이 일품인 오트밀

TIP. 파 대신 부추를 활용해도 좋아요.

① 유부는 슬라이스해 뜨거운 물에 살짝 데칩니다.

② 볼에 물 100ml, 달걀, 타피오카 전분, 오트밀을 넣고 뭉치지 않도록 잘 풀어줍니다.

③ 소금과 후춧가루로 간을 맞춰주세요.

④ 쪽파와 유부를 추가해 올리브유를 두른 프라이팬에 노릇하게 구워 완성합니다.

콩샐러드부르스케타

든든한 포만감을 주는 것은 물론, 맛까지 꽉 채운 맛있는 샐러드예요.
바게트 빵이나 플랫 브레드를 곁들여 먹으면 식단이 쉬워져요.

재료

삶은 병아리콩 … 100g / 삶은 검은콩 … 60g
양파 … ½개 / 방울토마토 … 10개
바게트(또는 플랫 브레드) … 2조각 / 올리브 … 60g
스위트 콘 … 80g / 키노아 … 30g

소스 재료

발사믹 식초 … 1큰술 / 오렌지 주스 … 1큰술
레몬즙 … 1큰술 / 소금 … 약간
후춧가루 … 약간 / 홀 머스터드 … ½작은술

사월's pick
신선약초 병아리콩
깨끗하고 흠 없이 균일한 크기의 병아리콩

TIP. 채 썬 양파를 찬물에 담가두면 매운맛이 완화됩니다.

① 끓는 물에 키노아를 넣고 10분 정도 데친 후 5분간 뜸 들입니다.
② 양파, 올리브, 방울토마토를 다지듯 채 썰어 볼에 담습니다.
③ 볼에 삶은 검은콩과 병아리콩, 키노아, 스위트 콘을 넣고 분량의 소스 재료를 넣어 버무립니다.
병아리콩과 검은콩은 밥솥에 찌듯 익혀 냉동 보관해 사용하면 간편해요.
④ 바게트를 곁들여 완성합니다.

연어샐러드 feat. 김부각

김부각 위에 올려 먹는 연어 토핑 샐러드는 다이어트 술안주로 안성맞춤이에요.

재료

연어 … 150g / 오이 … ½개 / 레몬즙 … 1큰술
파프리카 … ½개 / 아보카도 … ½개
라이스페이퍼 … 2장 / 김밥 김 … 2장 / 맛술 … 1큰술
식초 … 1큰술 / 올리브유 … 적당량

소스재료

비건마요네즈 … 1큰술
스리라차 … ½큰술

사월's pick
쌤모네키친 오로라생연어
비리지 않고 신선한 연어

TIP. 연어는 익혀도 좋아요.

① 연어를 물에 담그고 식초와 맛술을 넣어 5분간 담가 잡내를 제거합니다.
② 키친타월로 연어의 물기를 제거한 후 손가락 한 마디 크기로 잘라줍니다.
③ 오이, 파프리카, 아보카도를 다지듯 작게 잘라 연어와 섞어 샐러드를 만들어줍니다.
④ 라이스페이퍼와 김을 붙이듯 포개 4등분합니다.
⑤ 올리브유를 넉넉하게 두른 프라이팬에 ⑷를 넣고 3~5초간 튀겨 김부각을 만듭니다.
⑥ 김부각 위에 연어샐러드를 올리고 비건 마요네즈와 스리라차를 2:1로 섞어 뿌린 후 레몬즙을 둘러 완성합니다.

성공과 실패는

'한 끗 차이'가

아니라

'한 것 차이'

저녁
Dinner

현미면야키소바 feat. 깻잎

현미 면은 혈당을 아주 천천히 올려주는 '현명한 면'이에요.
고소하고 쫄깃해 소바 면으로 안성맞춤입니다.

재료

현미면 … 100~150g / 양배추 … ¼통 / 깻잎 … 4장
양파 … ½개 / 우스터소스 … 2큰술 / 진간장 … 1큰술 / 맛술 … 1큰술
베이컨 … 4줄(100g) / 달걀노른자 … 1개 분량 / 숙주 … 30g / 올리브유 … 약간

사월's pick

효자원 현미국수

부드러운 식감에 현미의 구수함이 느껴지는 면

TIP. 가볍게 먹고 싶다면, 면의 양은 줄이고 숙주의 양을 늘려주세요.

① 끓는 물에 현미 면을 익혀줍니다.
② 양파를 채 썰어 올리브유를 두른 프라이팬에 굽습니다.
③ 깍둑썰기 한 양배추와 베이컨, 숙주를 추가해 함께 볶아줍니다.
④ 양배추가 어느 정도 익으면 (1)의 현미 면을 넣어주세요.
⑤ 우스터소스, 진간장, 맛술을 함께 넣고 버무리듯 볶아줍니다.
⑥ 깻잎 고명과 달걀노른자를 올려 마무리합니다.

선드라이토마토콜드샐러드

구워낸 토마토의 감칠맛과 오렌지발사믹소스가 만나
완벽한 조화를 이루는 레시피예요.

재료

방울토마토 … 15개 / 통밀 푸실리 파스타 … 80~100g
소금 … 1큰술 + 약간 / 올리브유 … 약간
후춧가루 … 약간

소스 재료

오렌지즙 … 1큰술 / 레몬즙 … 1큰술 / 발사믹 식초 … ½큰술
매실청 … 1큰술 / 오렌지 껍질 … 약간 / 레몬 껍질 … 약간
소금 … 약간 / 후춧가루 … 약간

사월's pick

미주라 통밀푸질리

통밀로 만들어 혈당을 천천히 올려주는 쫄깃한 파스타

TIP. 푸실리 파스타 대신 파르팔레 파스타를 사용해도 좋아요.

① 방울토마토를 반으로 갈라 올리브유를 가볍게 뿌려줍니다.

② (1)에 소금 약간, 후춧가루 약간으로 간한 후 에어프라이어로 160℃에 10분간 굽습니다.
이 과정에서 토마토가 줄어들고 농축액이 모이면서 식감이 쫄깃쫄깃해지고 감칠맛이 납니다.

③ 끓는 물에 소금 1큰술을 넣고 파스타를 삶아 찬물에 헹굽니다.

④ 볼에 파스타와 익힌 토마토, 분량의 소스 재료를 넣고 잘 버무려 완성합니다.

연어메밀마키롤

두툼하고 보들보들한 달걀말이와 고소한 연어, 그리고 담백한 메밀 면의 조합이
계속 먹어도 질리지 않는 식단이 되어줄 거예요.

재료

메밀 면 … 35g / 달걀 … 3개 / 연어 … 150g
김밥 김 … 2장 / 당근 … 80g / 쓰유 … 2큰술
맛술 … 2큰술 / 식초 … 1큰술

사월's pick
쌜모네키친 오로라생연어
비리지 않고 신선한 연어

TIP. 김을 이어 붙일 때 물을 살짝 묻히면 잘 붙어요.

① 끓는 물에 메밀 면을 익혀줍니다.

② 물을 반 정도 채운 볼에 연어를 넣고 맛술, 식초를 넣어 5분간 담가 잡내를 제거합니다.

③ 잡내를 제거한 후 키친타월로 연어의 물기를 닦아줍니다.

④ 당근을 넓게 채 썰어 준비합니다.

⑤ 메밀 면에 쓰유 1큰술을 넣고 버무립니다.

⑥ 달걀을 풀고 쓰유 1큰술을 넣어 달걀말이를 만들어줍니다.

⑦ 김발 위에 김 1장을 올리고 나머지 김의 반을 잘라 끝에 이어 붙인 후 그 위에 남은 반을 사선으로 깔아줍니다.
김이 잘 터지지 않도록 하기 위한 방법입니다.

⑧ 모든 재료의 물기를 잘 닦아 올리고 돌돌 말아 완성합니다.

STEELWORKS

연어포케

병아리콩과 연어로 단백질을 현명하게 챙긴 레시피예요.
단백질 포케로 포만감을 맛있게 채워보세요.

재료

연어 … 150g / 병아리콩 … 50g
곤약밥 … 1공기(150g) / 허브 … 약간

소스재료

레몬즙 … 1큰술 / 맛술 … 1큰술 / 와사비가루 … ½큰술
레몬 껍질 … 약간 / 후춧가루 … 약간

사월's pick

신선약초 병아리콩

깨끗하고 흠 없이 균일한 크기라 좋은 병아리콩

TIP. 병아리콩은 물에 불려 밥솥에 찐 후 소분해 냉동 보관해두면 간편하게 사용할 수 있어요.

① 병아리콩은 하루 전날 물에 불려 밥솥에 쪄주세요.

② 연어를 손가락 한 마디 크기로 잘라 볼에 담습니다.

③ (2)에 분량의 소스 재료를 넣고 버무려 냉동실에 20분간 넣어 살짝 얼립니다.

④ 곤약밥을 볼에 담아 연어와 익힌 병아리콩, 허브를 올려 완성합니다.

코코넛크림카레수프 feat. 연근, 단호박

연근과 단호박의 담백함과 코코넛 크림의 고소함이
잘 어우러져 맛있게 먹을 수 있는 수프입니다.

재료

연근 … ½개 / 단호박 … ¼개 / 양파 … 1개
방울토마토 … 10개 / 다진 마늘 … 1큰술 / 코코넛 밀크 … 200ml
소금 … 약간 / 매운 카레가루 … 2큰술 / 올리브유 … 약간

사월's pick

타이 헤리티지코코넛크림
코코넛 함량이 높은 코코넛 크림

TIP. 토마토 대신 파프리카를 사용해도 좋아요.

① 올리브유를 두른 프라이팬에 채 썬 양파를 넣고 갈색을 띨 때까지 약 5분간 볶습니다.
② 다진 마늘과 토마토도 추가해 함께 볶아줍니다.
③ 연근은 먹기 좋게 썰어 끓는 물에 15분간 데칩니다.
④ 단호박은 전자레인지에 넣어 10~15분간 익힌 후 씨를 제거합니다.
⑤ 믹서에 (2), 연근, 단호박, 코코넛 밀크, 소금을 넣고 갈아줍니다.
⑥ (5)를 냄비에 옮겨 매운 카레가루를 넣고 보글보글 끓여 완성합니다.

포두부감바스

칩처럼 바삭한 포두부가 다이어트 중 과자 대신 심심한 입맛을 달래줘요.
현명하게 단백질을 채워주는 레시피예요.

재료

포두부 … 1장(50g) / 새우 … 6~7마리
통마늘 … 20개 / 올리브유 … 4큰술+약간
페페론치노 … ½큰술 / 바질 페스토 … 1큰술

사월's pick

아워홈 포두부화이트
성분이 좋은 국내산 포두부

TIP. 포두부를 바삭하게 먹고 싶다면 다른 그릇에 옮겨 담아주세요.

① 포두부는 가로세로 3cm 정도의 사각형으로 자릅니다.

② (1)을 넓게 펼쳐 올리브유를 약간 발라 에어프라이어에 170℃로 10분간 굽습니다.

③ 프라이팬에 올리브유를 4큰술 넣고 페페론치노, 통마늘을 넣어 약한 불에서 5분간 볶습니다.

④ 새우와 바질 페스토를 넣어 익히고 (2)의 포두부 칩을 곁들여 완성합니다.

STEEL WORKS

병아리콩뇨키

병아리콩과 두유가 만나 소스가 되었어요.
입안 가득 고소함이 퍼지는 레시피가 될 거예요.

재료

삶은감자 … 1개 / 삶은병아리콩 … 50g
타피오카 전분 … 1큰술 / 올리브유 … 2큰술
소금 … ½큰술

소스 재료

삶은병아리콩 … 50g / 두유 … 100ml
소금 … 약간 / 치즈 … 2큰술 + 약간
후춧가루 … 약간

사월's pick

이롬 황성주 무가당두유

본연의 고소한 맛에 충실하고 성분이 좋은 두유

TIP. 부드러운 식감이 좋다면 타피오카 전분을 ½큰술 만 넣어주세요.

① 믹서에 삶은 병아리콩, 타피오카 전분, 삶은 감자, 물 2큰술을 넣고 갈아줍니다.
② 볼에 (1)을 담아 손으로 으깨듯 주물러 반죽한 후 긴 막대기 모양으로 만들어줍니다.
③ 도마 위에 밀가루를 뿌리고 (2)를 올려 한입 크기로 듬성듬성 잘라줍니다.
④ 끓는 물에 올리브유 1큰술, 소금을 넣고 (3)을 동그랗게 다듬어 넣어 데칩니다.
⑤ 반죽이 위로 떠오르면 건지고 올리브유 1큰술을 두른 팬에 올려 앞뒤로 노릇노릇 굽습니다.
⑥ 믹서에 소스 재료 중 삶은 병아리콩, 두유, 소금을 분량대로 넣고 갈아줍니다.
⑦ 팬에 (6)을 넣고 끓이다 끓어오르면 치즈를 갈아 2큰술 넣고 후춧가루를 뿌립니다.
⑧ 그릇에 소스를 옮겨 담고 (5)의 노릇노릇 구운 뇨키를 올린 후 치즈를 약간 뿌려 완성합니다.

두부소양배추구이만두

양배추를 '순삭' 할 수 있는 레시피예요.
건강한 채소인 양배추를 맛있게 먹을 수 있는 것은 물론 살도 빠지는 가벼운 레시피랍니다.

재료

두부 … 150g / 간장 … 1큰술 / 맛술 … 1큰술
알룰로스 … 1큰술 / 볶은 김치 … 50g
양배추 … ¼통 / 올리브유 … 약간

달걀물 재료

달걀 … 2개 / 타피오카 전분 … ½큰술
소금 … 약간 / 후춧가루 … 약간

사월's pick
한둘 무농약콩두부
무농약이라 안심하고 먹을 수 있는 국내산 두부

TIP. 볶은김치 대신 애호박을 사용해도 좋아요.

① 끓는 물에 두부를 데친 후 간장, 맛술, 알룰로스, 볶은 김치와 섞고 반죽해 두부소를 만듭니다.
② 전자레인지용 찜기에 양배추를 넣고 10분간 돌려 숨을 죽입니다.
③ 양배추를 넓게 펴고 그 위에 두부소를 올려 돌돌 말아주세요.
④ 분량의 재료로 만든 달걀물을 (3)에 입혀주세요.
⑤ 올리브유를 두른 프라이팬에 (4)를 구워 완성합니다.

두부면짜장

신선한 콩으로 제면한 두부 면이 소화를 돕고 장 건강을 개선해줄 거예요.
다이어트 식단을 하는 동안 꼭 필요한 식재료랍니다.

재료

두부면 … 100g / 양파 … 1개
양배추 … ⅛통(100~150g) / 알룰로스 … 2큰술 / 춘장 … 1큰술
카레가루 … ½큰술 / 마늘종 … 약간 / 올리브유 … 약간

사월's pick

맑은물에 국산콩담백면두부

국산콩이라 안심하고 먹을 수 있는 두부 면

TIP. 매콤함을 추가하고 싶으면 매운 고춧가루를 뿌리세요.

① 끓는 물에 두부 면을 데칩니다.

② 올리브유를 두른 팬에 양파와 양배추를 모두 다져 넣고 노릇노릇 익을 때까지 볶습니다.

③ 알룰로스, 춘장, 카레가루도 함께 넣어 3분간 볶아 짜장소스를 만듭니다.

④ 삶은 두부 면에 짜장소스를 붓고 마늘종을 올려 완성합니다.

잣바질숏파스타

잣, 캐슈너트, 바질이 볶은 너트의 풍부한 고소함으로 가득한 두유소스로 변신했어요.
한번 맛보면 손님에게 대접하고 싶어지는 고급 풍미의 레시피가 될 거예요.

재료

잣 … 20g / 캐슈너트 … 20g / 두유 … 100ml
바질 페스토 … 1큰술 / 소금 … 1큰술 + 약간
통밀 푸실리 파스타 … 80g~100g
치즈 … 약간 / 바질가루 … 약간(선택)

사월's pick

알마니노 바질페스토
대용량이라 냉동실에 소분해두고 사용하기 좋은 바질 페스토

TIP. 캐슈너트, 잣, 바질소스는 대량으로 만들어 냉동실에 소분해두고 쓰면 요리가 정말 편해져요.

① 끓는 물에 소금 1큰술을 넣고 파스타를 넣어 데칩니다.

② 믹서로 잣과 캐슈너트를 갈고 프라이팬에 올려 약한 불로 5~10분간 타지 않을 정도로 볶아줍니다.

③ 향이 올라오면 두유를 부은 후 끓기 시작하면 불을 끄고 뚜껑을 덮어 10분간 뜸 들입니다.
이때 풍미가 높아져요.

④ (3)에 바질 페스토, 소금 약간을 추가해 소스를 완성합니다.

⑤ 익힌 파스타를 넣고 약한 불로 2분간 볶은 후 그릇에 담아 치즈와 바질가루로 마무리합니다.

Home Michelin

DIET

파트 4. 40kg대 진입 및 유지하기

맛있게 먹습니다
- 유지어터 식단 -

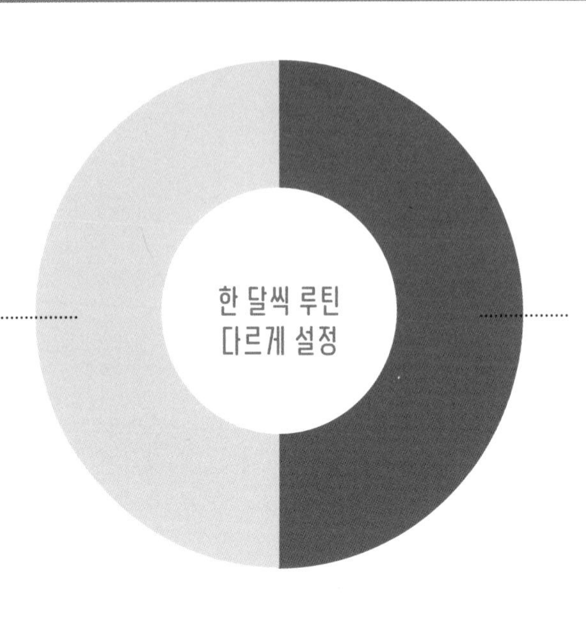

check point

1. 나만의 루틴 만들기
2. 스트레스 관리
3. 필요 영양소 챙기기
4. 16시간 이상 공복 유지

하루 3끼 식사 시간

09:00 12:00 18:00

중요 check

사람마다 원하는 몸에 대한 기준이 다르기 때문에 이 단계부터는 각자에게 맞는 방법으로 다이어트 또는 유지를 하시길 바랍니다. 조금 더 감량하는 것이 목표라면 건강한 방법으로 감량을 위한 다이어트를 진행하고, 50kg 이하에 키나 몸에 비해 건강해 보이지 않는다면 유지를 위한 다이어트를 해주세요. 이 단계에서는 몸무게가 다소 올라가더라도 일반식을 유지하면서 50kg 이하로 감량하거나 유지하는 게 중요해요. 결국 양 조절이 중요합니다. 한 달씩 플랜을 유지해, 첫째 달에는 일반식을 주로 먹으면서 근력운동 위주로 해 대사량을 높이고, 두 번째 달에는 식단과 유산소운동을 병행하는 방법도 좋아요. 한 달씩 루틴을 짜기 힘들다면 일주일씩도 괜찮아요. 정체기를 즐기며 내 몸의 라인에 집중해보세요. 괄사 관리에도 계속 신경쓰다 보면 몸무게가 어느새 50kg 아래로 내려오는 순간이 올 거예요. 그 순간에 집중하며 유지하세요.

사월's check

최고의 유지 비법은 멘탈 관리!

열심히 빼더라도 한번 긴장을 늦추면 이전보다 더 찌고 요요가 반복되는 상황을 수도 없이 겪으면서 결국 강박증까지 온 경험이 있습니다. 살이 빠졌을 때는 좋아하는 옷을 맘껏 입을 수 있어 행복했지만, 뭔가를 먹을 때마다 '먹으면 살찌겠지' 하는 생각 때문에 음식 강박증으로 이어졌어요. 반복되는 요요와 강박증을 겪으며 깨달은 것은 바로 '다이어트에서는 멘탈 관리가 가장 중요하다'였습니다. 음식에 대한 강박증이나 거부감을 가지지 않도록 건강한 음식을 맛있게 즐긴다는 마음으로 다이어트에 대한 생각 자체를 바꿔야 합니다. 일반식으로 돌아가면서 요요가 약간 오더라도 조급해하기보다는 나만의 루틴으로 마음도 몸도 다잡아보세요. 조금씩 감을 익힐 수 있을 거예요. 결국 가장 중요한 건 살을 많이 뺀 내가 아니라 그래서 '행복한 나'입니다.

결국에는 하면 되는 거였어요

스트레스를 받아 한 달 동안은 몸무게를 재지 않았어요. 그다음 한 달은 괄사 관리에 집중했죠. 그러다 보니 결국 제가 원했던 몸으로 건강하고 예쁘게 바뀌어 있었습니다. 당연히 몸무게가 늘어나는 변동기도 있었지만, 이런 플랜을 여러 번 반복하다 보니 어느 정도 안정화되는 순간이 오더라고요. 결국 하면 되는 거였어요. 몸무게에만 신경 쓰면 강박증만 심해지고 더 날씬해지고 싶은 욕구가 커져 무리하기 마련이에요. 가장 중요한 건 '건강하고 행복한 나'입니다. 우리 다 같이 건강하게 다이어트해요! 하면 됩니다!

계속

노력해야 해요

지름길은

원래 없어요

점심
Lunch

토마토절임샐러드

방울토마토는 항산화 작용을 하는 식품으로
건강하면서도 감칠맛을 더해 풍미가 고급스러운 레시피가 될 거예요.

재료

방울토마토 … 20개 / 식초 … 1큰술 / 양파 … ½개
바질 … 3장 / 발사믹 식초 … 1큰술 / 올리브유 … 2큰술
오렌지즙 … 1큰술 / 오렌지 껍질 … 약간 / 소금 … ½큰술

사월's pick

카사델아구아 올리브오일

산도가 0.1%인 올리브유로 발연점이 높아 안심하고 먹을 수 있어요.

TIP. 신 크래커나 바게트에 곁들여 먹기 좋은 맛있는 샐러드입니다.

① 방울토마토는 십자로 칼집 내 준비합니다.

② 소금, 식초를 넣은 끓는 물에 방울토마토를 넣고 30초간 데친 후 찬물에 담가줍니다.

③ 양파도 다져서 찬물에 담가줍니다.
매운맛을 중화해줍니다.

④ 토마토의 껍질을 벗겨 볼에 담고 다진 바질과 양파를 넣습니다.

⑤ 발사믹 식초, 올리브유, 오렌지즙, 오렌지 껍질도 함께 넣어 버무려 완성합니다.

두유크림오이샌드위치

꾸덕한 두유크림의 담백함과 오이의 상큼함이 만났어요.
그 어떤 조합보다 담백한 비건 샌드위치입니다.

재료

통밀 베이글 … 1개
오이 … ½개

소스 재료

두유 … 950ml / 달걀 … 1개
식초 … 3큰술 / 소금 … 1작은술
스테비아 … 1작은술 / 코코넛 오일 … 2큰술

사월's pick

ORGA 통밀베이글

통밀이지만 쫄깃한 식감과 고소함이 입안 가득 맴도는 베이글

TIP. 빵 위에 크림소스를 올리고 레몬 껍질, 후춧가루를 올려 먹으면 더 맛있어요.

① 베이글은 에어프라이어에 160℃로 5분간 돌리고, 오이는 감자 필러로 얇게 썰어줍니다.
② 냄비에 두유를 넣고 약한 불로 천천히 저으며 끓여줍니다.
③ 따뜻해지면 식초를 넣어 잘 저어주며 계속 끓여줍니다.
④ 윗면이 몽글몽글해지면 달걀을 풀어 넣고 천천히 저어줍니다.
⑤ 덩어리지듯이 뭉치면 불을 끄고 채반에 올려 유청을 빼주세요.
⑥ 믹서에 (5), 소금, 코코넛 오일, 스테비아를 넣고 갈아 두유크림을 만듭니다.
⑦ 빵 위에 두유크림과 오이를 올려 완성합니다.

참나물두부샐러드

향이 좋은 나물과 고소한 두부가 새로운 샐러드로 재탄생했어요.
참나물의 아미노산과 두부의 단백질로 영양을 가득 채운 현명한 샐러드 레시피에요.

재료

참나물 … 150g / 이탤리언 드레싱 … 2큰술 / 맛술 … 1큰술
스테비아 … ½큰술 / 통깨 … 1큰술 / 두부 … ½모(150g)
간장 … 약간 / 카레가루 … ½큰술 / 다진 마늘 … 1큰술

사월's pick

위시본 이탈리안드레싱

지방이 없고 액상과당, 인공 향료도 없어 안심할 수 있는 드레싱

TIP. 참나물 대신 미나리를 사용해도 좋아요.

① 참나물을 먹기 좋게 손가락 마디 크기로 잘라줍니다.

② 다진 마늘, 간장 약간, 이탤리언 드레싱, 맛술, 스테비아, 통깨를 모두 섞어 소스를 만듭니다.

③ 두부를 프라이팬에 올려 으깨며 볶습니다

④ 간장 약간, 카레가루를 넣고 1분 정도 더 볶아 두부소보로를 만듭니다.

⑤ 그릇에 참나물을 담고 두부소보로를 올린 후 소스로 마무리합니다.

콩나물사과무침샐러드

향긋한 미나리와 아삭한 콩나물, 무, 사과가 뭉쳤어요.
한국식 나물무침을 샐러드로 색다르게 먹어보세요.

재료

무 … 100g / 스테비아 … ½큰술 / 소금 … 약간
콩나물 … 100g / 미나리(또는 참나물) … ½줌
사과 … 1개 / 양파 … ½개

무침소스 재료

고춧가루 … 5~10g / 생강가루 … 약간
이탤리언 드레싱 … 2큰술 / 간장 … ½큰술
다진 마늘 … 1큰술

사월's pick

자연애 국산고춧가루
입자가 곱고 칼칼한 맛이 일품인 고춧가루

TIP. 사과 대신 배를, 무 대신 당근을 사용해도 좋아요.

① 무, 양파, 사과는 채 썰어 준비하고, 미나리는 먹기 좋게 잘라서 준비합니다.
② 채 썬 채소에 스테비아와 소금을 넣고 숨이 죽을 때까지 조물조물 무쳐줍니다.
③ 끓는 물에 콩나물을 데쳐 찬물에 헹굽니다.
④ 볼에 무, 양파, 사과, 미나리, 콩나물을 넣고 분량의 무침소스 재료를 넣어 버무립니다.

STEELWORKS

마늘종간장국수

들기름과 쓰유, 통깨가 어우러져 감칠맛이 폭발하는 국수 레시피예요.
덕분에 맛있게 다이어트할 수 있습니다.

재료

메밀 면 … 80g

재래 김 … 3장

마늘종 … 60g

소스 재료

피시소스 … 1큰술 / 스테비아 … ½큰술

들기름 … 4큰술 / 통깨 … 1큰술

쓰유 … 2큰술

사월's pick

나가타니엔 메밀면

메밀을 45% 함유해 향이 은은하게 나면서 씹는 맛이 있는 메밀 면

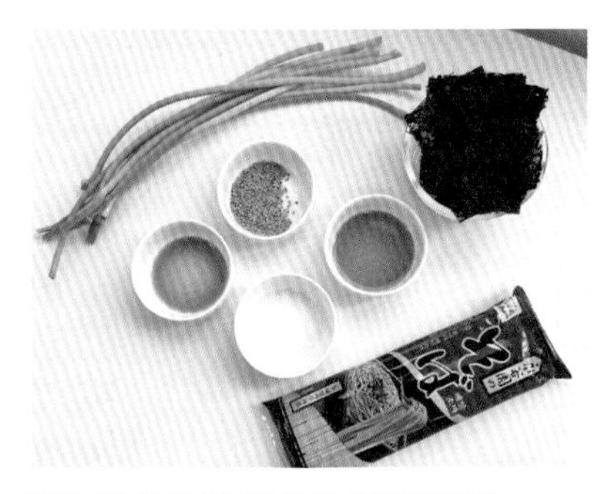

TIP. 마늘종 대신 달래나물을 사용해도 좋아요.

① 끓는 물에 메밀 면을 삶은 후 찬물에 담가 헹굽니다.

② 재래 김을 봉지에 넣어 잘게 부숩니다.

③ 다진 마늘종을 뜨거운 물에 살짝 데칩니다.

④ 볼에 메밀 면, 마늘종, 분량의 소스 재료를 넣고 버무린 후 김을 고명으로 올려 완성합니다.

게맛살유부초밥

밥 대신 두부를 넣어 풍부한 단백질과 낮은 칼로리를 챙겼어요.
혈중 콜레스테롤 수치도 낮춰주는 현명한 레시피가 될 거예요.

재료

게맛살 … 100g / 타피오카전분 … ½큰술
두부 … ½모(150g) / 유부 … 100g
소금 … 약간 / 후춧가루 … 약간

사월's pick

김구원선생 국산사각유부초밥
간이 적당하고 담백한 유부초밥

TIP. 일반 두부 대신 서리태 두부를 사용하면 고소함이 배가됩니다.

① 유부는 물기를 제거합니다.

② 팬에 두부의 수분을 날리듯 으깨면서 5분간 굽다가 전분을 추가해 섞어주세요.
작은 종지에 물을 붓고 전분을 넣어 덩어리지지 않게 잘 풀어주세요.

③ 볼에 (2)와 손으로 찢은 게맛살을 넣어 섞은 후 소금과 후춧가루로 간합니다.

④ 물기를 제거한 유부에 (3)을 넣어 완성합니다.

닭가슴살두부치킨

지겨운 닭 가슴살 식단을 맛있는 식단으로 바꿔줄 마법 같은 레시피예요.
이제 닭 가슴살이 좋아질 거예요.

재료

닭가슴살 … 150~200g / 두부 … ½모(150g)
파슬리가루 … 약간 / 로즈메리 … 1줄기
올리브유 스프레이 … 적당량

튀김옷 재료

올리브유 … 1큰술 / 어니언 파우더 … 1작은술
치킨 파우더 … 1작은술 / 칠리 파우더 … 1작은술
전분 … 2큰술 / 달걀 … 1개

사월's pick
바른미각 양파가루
국내산 양파 100%로 안심하고 사용할 수 있는 천연 조미료

TIP. 로즈메리 대신 타임을 곁들여도 좋아요.

① 닭 가슴살과 두부는 깍둑썰기 해 볼에 담습니다.
② (1)에 달걀을 풀어 넣고 나머지 튀김옷 재료를 분량대로 넣어 조물조물 섞어줍니다.
③ 손바닥으로 한 움큼씩 뭉쳐 에어프라이어 트레이 위에 올립니다.
④ 올리브유 스프레이와 파슬리가루를 뿌려 180℃로 예열한 에어프라이어에 25분간 돌립니다.
⑤ 로즈메리를 올려 완성합니다.

STEELWORKS

숙주메밀쫄면

메밀 면과 함께 식이 섬유가 풍부한 숙주를 곁들여
포만감은 채우고 칼로리는 덜어낸 똑똑한 쫄면 레시피예요.

재료

숙주 … 150g
메밀 면 … 50~70g

소스 재료

스테비아 … ½큰술 / 고춧가루 … 1큰술 / 와사비가루 … 1작은술
맛술 … 1큰술 / 다진 마늘 … 1큰술 / 청양고추 … ½개
고추장 … 1큰술 / 통깨 … 1큰술
오이(또는 양파) … 약간(선택) / 피시소스 … 1큰술

사월's pick

나가타니엔 메밀면

메밀을 45% 함유해 향이 은은하게 나면서 씹는 맛이 있는 메밀 면

TIP. 숙주의 양을 늘려 탄수화물 덜어내는 것이 포인트예요.

① 메밀 면을 끓는 물에 데치고 찬물에 헹궈 준비합니다.
② 숙주는 뜨거운 물에 1분 정도 담가 숨을 죽입니다.
③ 볼에 숙주와 메밀 면, 분량의 소스 재료를 넣고 버무려 완성합니다.

STEELWORKS

라구두부조림

담백한 두부와 곁들여 먹는 진한 토마토의 풍미가 일품인 라구소스.
'식단 하는 즐거움'을 알게 해줄 거예요.

재료

두부 … ½모(150g) / 양파 … ½개
다진 소고기 … 100g / 다진 마늘 … 1큰술
치킨 스톡 … ½큰술 / 토마토 페이스트 … 3큰술 / 올리브유 … 약간

사월's pick

헌트 토마토페이스트
진한 맛이 좋은 토마토 페이스트

TIP. 다진 소고기 대신 돼지고기나 닭고기를 사용해도 좋아요.

① 올리브유를 두른 팬에 양파를 다져 넣고 다진 마늘을 넣어 함께 볶아줍니다.
② (1)에 다진 소고기와 치킨 스톡을 넣고 함께 볶다가 토마토 페이스트를 넣고 1분 더 끓입니다.
③ 끓는 물에 두부를 데쳐 자른 후 (2)의 라구소스를 올려 완성합니다.

코코넛크림새우

고소한 코코넛 크림 베이스에 매콤함을 입힌 새우와 감자가 퐁당 빠져버렸어요.
부드러운 크림소스와 매콤한 재료가 어우러져 지속 가능한 식단이 되어줄 거예요.

재료

올리브유 … 4큰술 / 마늘 … 10톨 / 다진 바질 … 10g
페페론치노 … 약간 / 감자 … 1개 / 새우 … 10마리
칠리 파우더 … 약간 / 코코넛 크림 … 100g

사월's pick

내츄럴스파이스 페페론치노

묵직하고 깊은 매운맛이 특징인 페페론치노

TIP. 깍둑썰기 한 감자를 미리 3분간 전자레인지에 익혀주면 더 빨리 익어요.

① 마늘은 편 썰어 준비합니다.

② 올리브유를 두른 팬에 편 마늘, 다진 바질, 칠리 파우더 약간, 페페론치노를 넣고 볶아줍니다.

③ 깍둑썰기 한 감자를 추가해 약한 불에서 잘 볶아줍니다.

④ 감자가 익으면 새우를 넣고 함께 볶아줍니다.

⑤ 칠리 파우더 약간, 코코넛 크림을 넣고 조린 후 그릇에 담아 바질을 올려 완성합니다.

멈추지 않는다면

천천히 가도

문제가 되지 않아요

저녁
Dinner

토마토비프스튜

채소의 영양 성분이 스튜에 스며든 든든한 레시피예요.
고기의 단백질과 어우러져 한 끼 식사로 손색없는 영양 듬뿍 스튜입니다.

재료

소고기 부챗살 … 200g / 타피오카 전분 … 1큰술
감자 … 1개 / 당근 … ½개
양파 … 1개 / 올리브유 … 약간

소스 재료

치킨 파우더 … 1큰술 / 굴소스 … 1큰술
토마토 페이스트 … 4큰술 / 소금 … 약간
후춧가루 … 약간

사월's pick

밀가루대신 타피오카전분
글루텐프리라 소화가 잘되고 활용도도 높은 전분

TIP. 평소 좋아하는 채소로 대체해도 좋아요.

① 부챗살, 감자, 당근, 양파를 각각 깍둑썰기 해 준비합니다.
② 볼에 부챗살, 타피오카 전분을 넣고 굴리듯이 버무립니다.
③ 올리브유를 두른 냄비에 (2)를 넣어 볶다가 익으면 감자, 당근, 양파를 넣어 볶습니다.
④ 물 200ml, 치킨 파우더, 굴소스, 토마토 페이스트도 추가해 보글보글 끓여줍니다.
⑤ 소금과 후춧가루로 간해 완성합니다.

두부라자냐

밀가루 대신 포두부로 건강을 챙긴 현명한 라자냐 레시피예요.
버섯은 새송이버섯이 아니더라도 괜찮으니 좋아하는 버섯을 사용하세요.

재료

포두부 … 3장 / 양파 … 1개 / 새송이버섯 … 1개
파프리카 … 1개 / 토마토 … 1개 / 다진 소고기 … 200g
라구소스 … 180g / 모차렐라 치즈 … 2줌 / 올리브유 … 약간

사월's pick

스타라구소스

고기의 진한 풍미가 일품인 소스

TIP. 토마토 페이스트를 1큰술 추가하면 더 진한 맛을 느낄 수 있어요.

① 양파, 새송이버섯, 파프리카, 토마토를 각각 다집니다.

② 올리브유를 두른 프라이팬에 양파를 먼저 볶고, 양파가 투명해지면 다진 소고기를 넣어 함께 볶습니다.

③ 고기가 반 정도 익으면 나머지 채소와 라구소스를 넣고 볶습니다.

④ 직사각형 오븐 용기에 포두부를 잘라 한 겹 깔아준 후 ⑶을 3큰술 올리고 모차렐라 치즈를 올립니다.
이 과정을 여러 번 반복해 겹겹이 쌓아주세요.

⑤ 180℃로 예열한 오븐에 10분간 구워 완성합니다.

묵은지두부소보로말이

집에 있는 흔한 재료를 특별한 요리로 업그레이드할 수 있는 레시피에요.

재료

두부 … ½~1모(150~300g) / 달걀 … 3개 / 다진 마늘 … 1큰술

다진 파 … 1큰술 / 묵은지 … ½포기

타피오카 전분 … 1큰술 / 올리브유 … 약간

사월's pick

한둘 무농약콩두부

국내산이라 안심하고 먹을 수 있는 두부

TIP. 반죽이 잘 뭉쳐지지 않는다면 달걀물을 입혀줘도 좋아요.

① 프라이팬에 두부를 올려 물기 없이 으깨듯 수분을 날려 볶습니다.

② 두부를 팬 한편에 밀어두고 달걀로 스크럼블드에그를 만듭니다.

③ 다진 파, 다진 마늘을 넣고 함께 볶습니다.

④ 불을 끄고 타피오카 전분을 넣어 잘 섞어줍니다.

⑤ 잘 씻은 묵은지 위에 (4)를 올리고 돌돌 말아줍니다.

⑥ 올리브유를 두른 팬에 올려 돌려가며 골고루 익혀 완성합니다.

명란두유달걀찜

물 대신 두유를 사용해 풍미를 더욱 끌어올린 달걀찜이에요.
부드러운 달걀찜을 더 고소하게 만들어 맛있게 즐기세요.

재료

달걀 … 4개 / 명란젓 … 2줄
다진 마늘 … 1큰술 / 다진 파 … 1큰술
두유 … 100ml / 참기름 … 약간

사월's pick
덕화명란 백명란
짠맛이 덜하고 싱싱한 명란

TIP. 소금 대신 새우젓으로 간을 맞춰도 좋아요.

① 달걀은 잘 풀어 체에 걸러줍니다. 알끈과 거품을 제거하기 위해서예요.
② (1)에 다진 마늘, 다진 파, 명란젓 1줄을 넣어 잘 섞어줍니다. 명란 껍질은 제거해주세요.
③ 뚝배기 옆면과 밑면에 참기름을 바르고 물 50ml와 두유를 붓습니다.
④ 끓어오르기 시작하면 (2)를 넣고 익혀줍니다.
⑤ 어느 정도 익으면 스푼으로 저어준 후 중간 불로 줄입니다.
⑥ 달걀이 몽글몽글해지면 뚜껑을 덮고 약한 불로 줄여 2분 더 익혀줍니다.
뚜껑이 없으면 볼록한 그릇으로 덮어도 괜찮아요.
⑦ 남은 명란젓을 고명으로 올려 완성합니다.

두부곤약애호박전

칼로리가 낮은 두부와 곤약으로 반죽을 만들어
애호박 이불로 감싼 후 구워낸 특별한 애호박전 레시피예요.

재료

두부 … ½모(150g) / 곤약쌀 … 80g / 애호박 … ½개
달걀 … 1개 / 콩가루 … 1큰술 / 소금 … 약간
후춧가루 … 약간 / 식초 … 약간 / 올리브유 … 약간

양념장 재료

다진마늘 … 1큰술 / 다진파 … 1큰술 / 맛술 … 1큰술
알룰로스 … 1큰술 / 물 … 1큰술 / 참기름 … 1큰술
통깨 … ½큰술 / 간장 … 1큰술

사월's pick

청오 국산유기농볶음콩가루
국산콩으로 만들어 믿음이 가는 콩가루

TIP. 콩가루가 없다면 오트밀가루로 대체해도 좋아요.

① 곤약쌀을 식초물에 1분 정도 담근 후 물에 여러 차례 헹궈줍니다.
특유의 곤약 냄새를 제거하는 과정이에요.

② 전자레인지용 찜기에 두부, 곤약쌀을 넣어 5분간 익힌 후 볼에 옮겨 담습니다.

③ (2)에 콩가루, 물 2큰술, 달걀, 소금, 후춧가루를 넣고 두부를 으깨듯 손으로 반죽해 동그랗게 만듭니다.

④ 양배추용 채칼로 넓게 썬 애호박 위에 (3)을 한입 크기로 동그랗게 떠 올려줍니다.

⑤ (4)를 삼각형으로 접어 올리브유를 두른 프라이팬에 올린 후 골고루 익힙니다.

⑥ 분량의 양념장 재료를 섞어 그릇에 함께 담아 완성합니다.

STEELWORKS

토마토칠리에그인헬

토마토칠리소스와 단백질이 풍부한 달걀이 만났어요.
완전 식품인 달걀을 한층 고급스럽게 먹을 수 있는 레시피랍니다.

재료

방울토마토 … 8~10개 / 파프리카 … 1개 / 소금 … 약간 / 후춧가루 … 약간
올리브유 … 2큰술 / 칠리 파우더 … 1큰술 / 토마토 페이스트 … 2큰술
달걀 … 2개 / 치즈가루 … 약간 / 허브가루 … 약간 / 올리브유 스프레이 … 약간

사월's pick
맥코믹 칠리파우더
칠리의 향과 매운맛이 어우러져 풍미가 좋은 향신료

TIP. 6번 과정에서 달걀을 익힐 때 물 2큰술을 넣고 뚜껑을 덮어 익히면 더 촉촉해져요.

① 방울토마토는 십자로 칼집을 냅니다.
② (1)에 소금과 후춧가루를 뿌린 후 올리브유 스프레이를 뿌려 에어프라이어(180℃)로 5분간 익힙니다.
③ 올리브유를 두른 팬에 칠리 파우더를 넣고 약한 불로 칠리 기름을 내주세요.
④ 익힌 토마토의 껍질을 벗긴 후 (3)에 넣어 으깨듯 볶습니다.
⑤ 슬라이스한 파프리카, 토마토 페이스트, 물 30ml를 넣어 1분간 더 끓입니다.
⑥ 중간에 달걀을 깨뜨려 예쁘게 올린 후 뚜껑을 덮고 약한 불로 5분간 익힙니다.
⑦ 치즈가루와 허브가루를 뿌려 완성합니다.

버섯두부리소토

에어프라이어로 수분을 말리듯 구워낸 버섯의 풍미가
입안 전체를 감싸는 레시피예요.

재료

표고버섯 … 10개 / 올리브유 … 적당량 / 후춧가루 … 약간 / 양파 … ½개
다진 마늘 … 1큰술 / 두부 … 1모(300g) / 두유 … 200ml
타피오카 전분 … ½큰술 / 굴소스 … 1큰술 / 소금 … 약간 / 치즈가루 … 약간

사월's pick

이롬 황성주 무가당두유
본연의 고소한 맛에 충실하고 성분이 좋아 믿을 수 있는 두유

TIP. 표고버섯 대신 양송이버섯을 사용해도 좋아요.

① 슬라이스한 표고버섯에 후춧가루, 올리브유를 뿌려 에어프라이어에 160℃로 5분간 굽습니다.

② 올리브유를 두른 프라이팬에 다진 마늘과 채 썬 양파를 넣어 볶습니다.

③ (2)에 구운 버섯을 넣고 두부를 으깨 넣어 함께 볶습니다.
고명으로 사용할 버섯을 약간 남겨주세요.

④ 두유에 타피오카 전분을 넣고 덩어리지지 않게 저은 후 (3)에 부어줍니다.

⑤ 굴소스, 소금으로 간한 후 그릇에 옮겨 담아 치즈가루를 뿌리고 버섯을 올려 완성합니다.

STEELWORKS

시금치두부뇨키

시금치를 가장 맛있게 먹을 수 있는 방법을 알려드릴게요.
두부와 두유로 만든 소스를 더해 고소함의 끝판왕이에요.

재료

삶은 감자 … 1개 / 시금치 … 80g / 타피오카 전분 … 2큰술
소금 … 약간 / 후춧가루 … 약간
올리브유 … 약간 / 견과류 … 약간

두유소스 재료

두유 … 100ml / 두부 … ½모(150g)
캐슈너트 … 30g / 다진 마늘 … 1큰술
페페론치노 … 약간

사월's pick
내츄럴스파이스 페페론치노
묵직하고 깊은 매운맛의 페페론치노

TIP. 시금치 대신 케일이나 바질을 사용해도 좋아요.

① 시금치는 끓는 물에 데쳐 잘게 다집니다.
② 볼에 삶은 감자를 넣어 으깨고 시금치, 타피오카 전분, 소금, 후춧가루를 넣고 섞어 반죽을 만듭니다.
③ 도마 위에 밀가루를 뿌린 후 반죽을 길게 늘여 올리고, 먹기 좋게 듬성듬성 썰어줍니다.
④ 끓는 물에 (3)을 넣고 5분간 데친 후 체에 걸러 뇨키를 만듭니다.
⑤ 믹서에 두유, 두부, 캐슈너트를 넣고 갈아줍니다.
⑥ 올리브유를 두른 팬에 다진 마늘, 페페론치노를 넣고 볶은 후 (5)를 부어 두유소스를 만듭니다.
⑦ (6)을 그릇에 담고 뇨키를 올린 후 견과류를 뿌려 완성합니다.

깻잎들깨파스타

고소한 들깨와 항산화 성분인 폴리페놀이 가득한 올리브유가 만났어요.
향긋한 깻잎과 최고의 궁합을 이루죠.

재료

통밀 푸실리 파스타 … 80~100g / 깻잎 … 20장
페페론치노 … 약간 / 들깻가루 … 1큰술
치즈가루 … 적당량 / 소금 … 1큰술 + 약간 / 올리브유 … 3큰술

사월's pick

카사델아구아 올리브오일
산도 0.1%로, 발연점이 높아 안심하고 먹을 수 있는 올리브유

TIP. 깻잎 대신 방아를 사용해도 좋아요.

① 깻잎은 얇게 채 썰어 준비합니다.

② 올리브유를 두른 팬에 페페론치노를 넣고 볶습니다.

③ 불을 끄고 채 썬 깻잎을 넣어 볶습니다.

④ 소금 1큰술을 넣은 끓인 물에 파스타를 넣어 삶습니다.
파스타 삶은 물은 버리지 말고 남겨주세요. 면수를 사용할 거예요. 삶은 후 면이 너무 짜면 물에 한번 헹궈도 좋아요.

⑤ (3)에 삶은 파스타, 면수 3큰술, 소금 약간, 들깻가루를 넣고 불을 끈 상태에서 볶아주세요.

⑥ 치즈가루를 뿌려 완성합니다.

카레마제메밀

카레의 주요 성분인 '커큐민'은 강력한 항염 기능을 해 몸속 염증을 줄이는 데 도움이 돼요.
염증은 낮추면서 소고기로 단백질은 확실히 챙기는 레시피예요.

재료

올리브유 … 2큰술 / 카레가루 … 1큰술 / 다진 마늘 … 1큰술 / 간장 … 1큰술
맛술 … 1큰술 / 알룰로스 … 1큰술 / 다진 소고기 … 200g / 고춧가루 … ½큰술
메밀 면 … 80~100g / 다진 파 … 1큰술 / 김가루 … 1줌 / 통깨 … ½큰술 / 쓰유 … 2큰술

사월's pick

나가타니엔 메밀면

메밀을 45% 함유해 향이 은은하게 나면서 씹는 맛이 좋은 메밀 면

TIP. 다진 소고기 대신 두부나 다진 닭 가슴살을 활용해도 좋아요.

① 올리브유를 두른 팬에 카레가루를 넣고 카레 기름을 내듯 약한 불로 볶습니다.
② (1)에 다진 마늘, 간장, 맛술, 알룰로스를 넣습니다.
③ 다진 소고기도 넣어 볶다가 고기가 익으면 고춧가루를 추가합니다.
④ 물 100ml를 부어 한번 더 끓여줍니다.
⑤ 메밀 면은 끓는 물에 삶아 찬물에 헹궈 준비합니다.
⑥ 그릇에 메밀 면을 옮겨 담고 쓰유를 넣어 감칠맛을 입히듯 버무린 후 볶은 고기와 다진 파, 김가루, 통깨를 뿌려 완성합니다.